U0958645

中国研究机构创新能力监测报告

2015

中华人民共和国科学技术部　编

科学技术文献出版社
SCIENTIFIC AND TECHNICAL DOCUMENTATION PRESS
·北京·

图书在版编目（CIP）数据

中国研究机构创新能力监测报告. 2015 / 中华人民共和国科学技术部编. —北京：科学技术文献出版社，2016. 7
ISBN 978-7-5189-1786-0

Ⅰ. ①中… Ⅱ. ①中… Ⅲ. ①科学研究组织机构—创造能力—研究报告—中国—2015
Ⅳ. ① G322.2

中国版本图书馆 CIP 数据核字（2016）第 187063 号

中国研究机构创新能力监测报告2015

策划编辑：李　蕊　责任编辑：张　红　李　蕊　责任校对：张吲哚　责任出版：张志平

出 版 者　科学技术文献出版社
地　　址　北京市复兴路15号　邮编 100038
编 务 部　(010) 58882938，58882087（传真）
发 行 部　(010) 58882868，58882874（传真）
邮 购 部　(010) 58882873
官方网址　www.stdp.com.cn
发 行 者　科学技术文献出版社发行　全国各地新华书店经销
印 刷 者　北京时尚印佳彩色印刷有限公司
版　　次　2016 年 7 月第 1 版　2016 年 7 月第 1 次印刷
开　　本　889 × 1194　1/16
字　　数　94千
印　　张　6
书　　号　ISBN 978-7-5189-1786-0
定　　价　68.00元

版权所有　违法必究
购买本社图书，凡字迹不清、缺页、倒页、脱页者，本社发行部负责调换

中国研究机构创新能力监测报告2015

编辑委员会及编辑人员

主　　任：李　萌

副 主 任：许　倞

委　　员：吴　向　武夷山

成　　员：冷　民　陈　成　林　涛　石林芬

成邦文　陈　钰　玄兆辉　朱迎春

宋卫国　张玲漪　李　松

前言

党的十八大以来，以习近平同志为总书记的党中央高度重视科技创新，提出实施创新驱动发展战略，强调科技创新是提高社会生产力和综合国力的战略支撑，必须摆在国家发展全局的核心位置。党的十八届五中全会把创新发展作为五大发展理念之首，指出创新是引领发展的第一动力，要让创新贯穿党和国家一切工作，充分发挥科技创新在全面创新中的引领作用。国家“十三五”规划纲要将科技创新的战略地位提升到空前的新高度，创新正成为全社会广泛共识和重要价值导向。

研究机构[①]是国家创新体系的重要组成部分，是引领我国科技发展，实现“建设创新型国家”战略目标，增强国际竞争力的重要力量，主要执行基础性、战略性、公益性研究。我国研究机构充分发挥其在自主创新战略中的骨干和引领作用，资源配置不断优化，研发能力进一步提高，为经济建设和社会发展服务的意识进一步增强，成为稳定地服务于国家战略目标和经济社会发展的科技创新力量。

2012年以来，科技部、国家统计局会同有关部门按照党中央、国务院关于“建立国家创新调查制度”的要求，加快推进相关工作，取得了显著成效。科技部会同国家国防科工局开展了全国科研机构创新调查，在年度统计工作中增加了对研究机构开展产学研合作、对外科技服务、促进科技成果转化以及人才培养与流动等数据的收集，获得了一批反映当前研究机构最新发展态势的新数据。

① 本文研究机构指政府部门属研究与开发机构。

本报告以2014年全国研究机构统计和创新调查数据为基础，结合《中国科技统计年鉴》和《中国科学院年鉴》数据资料，从科技创新资源、研究开发（R&D）活动、科技创新产出、经济社会价值、组织发展环境等5个方面，选取了34个年度监测指标，以概要反映近年来研究机构创新发展的总体态势。

本报告分为五个部分。首先，构建了以研究机构为对象的创新能力监测框架；然后，梳理了2009—2014年反映研究机构创新能力整体发展状况的总体数据，并以中国科学院、农业科技领域研究机构为代表，分别整理了两类不同研究机构的相关数据；最后，重点反映与创新联系较为密切的353个研究机构的创新发展状况。

对全国研究机构开展创新能力监测，是一项长期的系统性、基础性工作，本研究仅是起步，今后将随着全国科技统计工作和创新调查工作的进一步深入发展而不断调整和完善。

《中国研究机构创新能力监测报告2015》

编辑委员会

二〇一六年三月

目录
Contents

一、研究机构创新能力监测框架

与其他国家相比，中国拥有一个规模相对庞大的政府研究机构体系。截至2014年底，中央部门属和地方部门属的研究机构合计有3677个，从业人员达778861人，其科技活动人员和科技经费筹集总额仍在全国占有相当比例，是我国国家创新体系建设中的一支重要力量。

2015年9月，中共中央办公厅、国务院办公厅印发的《深化科技体制改革实施方案》，要求构建更加高效的科研体系，作为源头创新的主力军之一的研究机构，不仅要大力增强原始创新能力，而且也要打通科技创新与经济社会发展通道，最大限度地激发科技第一生产力、创新第一动力的巨大潜能，提高服务经济社会发展的能力。

根据新的科研机构创新绩效评价导向，结合各类政府研究机构从事基础性、战略性、公益性研究的定位和科研创新活动特征，全面评价政府研究机构的创新能力，需要兼顾创新资源、创新活动、创新产出、创新价值、创新环境等多个方面的发展状况。因此，以“科学研究与技术开发机构调查表”为纲，从5个维度构建反映研究机构创新能力发展的监测框架：

一是科技创新资源。科技创新资源是研究机构开展研发活动的基础条件，一般包括研究机构中人员、经费、科学仪器等方面的资源基础情况，包括8个次级指标；

二是研究开发活动。主要反映研究机构在R&D活动中的资金投入、人力投入以及研发活动类型等方面的基本活动情况，包括8个次级指标；

三是科技创新产出。一般地，研究机构的科技创新产出，既包括人员培养，也包括成果，只是关于科技人员在R&D活动中的成长在一个特定年度中难以有效测度，这里着重选择的是论文、专利、标准等科技成果表现形式，具体包括6个次级指标；

四是经济社会价值。研究机构科技活动除了创造科研自身的价值以外，对经济社会文化等方面的贡献越来越受到整个社会的关注，这里主要选取劳动力就业、专利所有权转让与许可、全国技术市场交易等7个次级指标；

五是组织发展环境。单纯的投入—产出等绩效指标尚不足以全面反映研究组织创新发展的特征变化。这里侧重R&D合作角度，主要选取研究机构与国内创新体系其他单元以及与国外机构的资金往来等5个次级指标。

以上合计选取34个二级指标，具体如表1-1-1所示。后续监测随着连续、可靠数据来源的扩展，指标体系还将会进一步调整和优化。

表1-1-1　研究机构创新能力监测指标体系

一级指标	二级指标
1. 科技创新资源	1.1 从事科技活动人员总数（人）
	1.2 博硕士毕业人员占比（%）
	1.3 高中级职称人员占比（%）
	1.4 女性科技人员占比（%）
	1.5 科技活动收入（亿元）
	1.6 政府资金收入来源占比（%）
	1.7 企业资金收入来源占比（%）
	1.8 仪器和设备支出（亿元）

续表

一级指标	二级指标
2. 研究开发活动	2.1 R&D经费内部支出（亿元）
	2.2 R&D人员（万人）
	2.3 R&D全时人员占比（%）
	2.4 R&D人员全时当量（万人年）
	2.5 基础研究在R&D经费内部支出中占比（%）
	2.6 应用研究在R&D经费内部支出中占比（%）
	2.7 试验发展在R&D经费内部支出中占比（%）
	2.8 R&D经费外部支出（亿元）
3. 科技创新产出	3.1 发表科技论文数（篇）
	3.2 国外发表论文占比（%）
	3.3 专利申请数（件）
	3.4 发明专利申请占比（%）
	3.5 有效发明专利（件）
	3.6 形成国家或行业标准数（项）
4. 经济社会价值	4.1 从业人员总数（人）
	4.2 专利所有权转让与许可数（件）
	4.3 专利所有权转让与许可收入（万元）
	4.4 科研机构作为卖方的成交合同数（项）
	4.5 科研机构作为卖方的成交合同金额（万元）
	4.6 科研机构作为买方的成交合同数（项）
	4.7 科研机构作为买方的成交合同金额（万元）
5. 组织发展环境	5.1 R&D经费内部支出中的国外资金（万元）
	5.2 对境内研究机构的R&D经费外部支出（万元）
	5.3 对国内高等院校的R&D经费外部支出（万元）
	5.4 对国内企业的R&D经费外部支出（万元）
	5.5 对境外机构的R&D经费外部支出（万元）

二、研究机构创新能力整体状况

作为具有中国特色国家创新体系的重要组成部分，研究机构既是国家重要的知识创新部门，负有科技传播、服务社会的责任，也是国家促进科技成果转化和产业技术创新的一支重要力量。

监测结果显示，2014年，全国政府研究机构共3677个（包括国防研究机构），从业人员78万人。科技经费收入2988.8亿元，其中来源于政府资金2405.5亿元。研究机构科技经费内部支出2609.4亿元，中央部门属研究机构数占机构总数的20%，集中了70%人员和80%科技经费。研究机构R&D经费内部支出1926.2亿元，占全国R&D经费支出总额的14.8%，R&D人员全时当量37.4万人年，占全国R&D人员总数的10.1%。发表科技论文17.2万篇，其中，在国外发表论文数占27.4%。有效发明专利拥有量6.6万件，形成国家或行业标准3816项。

（一）科技创新资源

表2-1-1 研究机构科技创新资源（2009—2014年）

指标	2009年	2010年	2011年	2012年	2013年	2014年
1.1 从事科技活动人员总数（人）	506651	496146	518807	546963	567562	580436
1.2 博硕士毕业人员占比（%）	23.2	27.1	29.8	32.4	34.8	37.3
1.3 高中级职称人员占比（%）	53.4	56.9	57.3	57.9	58.1	59.8
1.4 女性科技人员占比（%）	31.0	32.2	32.3	32.3	31.7	31.7
1.5 科技活动收入（亿元）	1537.0	1890.9	2000.6	2484.4	2824.8	2988.8
1.6 政府资金收入来源占比（%）	81.9	81.7	80.4	79.7	81.1	80.5

续表

指标	2009年	2010年	2011年	2012年	2013年	2014年
1.7 企业收入来源占比（%）	3.5	3.8	3.5	4.2	4.2	4.5
1.8 仪器与设备支出（亿元）	169.8	209.9	210.2	224.9	351.6	287.4

表2-1-2　2014年研究机构科技创新资源分布

	机构数（个）	从业人员（人）	科技活动人员（人）	科技活动收入（亿元）
按隶属关系				
中央部门属	720	548351	400271	2463.8
地方部门属	2957	230510	180165	525.0
按地区				
北京	392	168993	140054	1001.9
天津	60	16730	12917	51.5
河北	77	20347	11851	41.6
山西	163	15913	12131	25.7
内蒙古	97	8679	6377	15.8
辽宁	166	21599	19668	86.5
吉林	111	12775	11607	34.1
黑龙江	178	15093	12229	43.2
上海	138	47890	40249	360.7
江苏	144	53827	35146	161.7
浙江	102	27927	12806	57.8
安徽	104	20360	14388	53.7
福建	102	7411	7003	25.1
江西	118	13379	9026	20.4
山东	217	22605	19110	73.9
河南	119	28050	19974	58.0

续表

	机构数（个）	从业人员（人）	科技活动人员（人）	科技活动收入（亿元）
湖北	138	31764	23853	130.2
湖南	132	15760	10869	26.4
广东	189	28408	21528	88.7
广西	121	11712	8414	25.0
海南	30	5165	2908	10.7
重庆	27	10604	6634	16.5
四川	172	74240	45346	271.1
贵州	79	6255	5100	12.0
云南	110	10502	9280	23.6
西藏	17	1230	762	2.7
陕西	113	62386	42998	213.8
甘肃	107	10949	10197	33.2
青海	24	1072	1239	3.0
宁夏	21	844	794	2.3
新疆	109	6392	5979	18.2

（二）研究开发活动

表2-2-1　研究机构研究开发活动（2009—2014年）

指标	2009年	2010年	2011年	2012年	2013年	2014年
2.1 R&D经费内部支出（亿元）	995.9	1186.4	1306.7	1548.9	1781.4	1926.2
2.2 R&D人员（万人）	32.3	34.2	36.2	38.8	40.9	42.3
2.3 R&D全时人员占比（%）	77.4	76.8	78.4	79.5	80.5	80.0
2.4 R&D人员全时当量（万人年）	27.7	29.3	31.6	34.4	36.4	37.4
2.5 基础研究在R&D经费内部支出中占比（%）	11.1	11.0	12.3	12.8	12.4	13.4
2.6 应用研究在R&D经费内部支出中占比（%）	35.2	32.7	31.9	30.3	29.5	28.7
2.7 试验发展在R&D经费内部支出中占比（%）	53.7	56.4	55.8	56.9	58.0	57.9
2.8 R&D经费外部支出（亿元）	21.4	41.5	46.4	60.6	54.0	79.2

表2-2-2 2014年研究机构研究开发活动分布

	R&D人员（万人）	R&D人员全时当量（万人时）	科技经费内部支出（亿元）	科技经费外部支出（亿元）
按隶属关系				
中央部门属	33.0	29.4	2111.7	106.2
地方部门属	9.3	8.0	497.7	6.9
按地区				
北京	10.9	9.7	854.7	80.7
天津	1.0	1.0	47.3	1.4
河北	0.9	0.8	37.2	0.3
山西	0.5	0.4	25.7	0.5
内蒙古	0.3	0.2	16.2	0.02
辽宁	1.5	1.3	68.9	4.6
吉林	0.9	0.8	33.1	0.03
黑龙江	0.8	0.7	43.1	0.1
上海	3.3	2.9	289.0	2.7
江苏	2.6	2.3	153.9	1.9
浙江	0.8	0.6	52.8	1.6
安徽	1.1	0.9	53.4	0.1
福建	0.5	0.4	24.0	0.06
江西	0.6	0.5	17.4	0.8
山东	1.3	1.2	66.6	1.2
河南	1.5	1.1	51.3	0.2
湖北	1.6	1.5	96.4	7.5
湖南	0.8	0.8	23.9	0.4
广东	1.6	1.3	83.0	0.9
广西	0.5	0.4	24.5	0.3
海南	0.1	0.09	9.3	0

续表

	R&D人员（万人）	R&D人员全时当量（万人时）	科技经费内部支出（亿元）	科技经费外部支出（亿元）
重庆	0.4	0.3	20.4	0.3
四川	3.5	3.0	234.9	3.6
贵州	0.3	0.3	11.0	0.5
云南	0.8	0.6	24.0	0.1
西藏	0.04	0.04	2.6	0.01
陕西	3.1	2.9	192.6	2.7
甘肃	0.7	0.6	30.4	0.1
青海	0.09	0.06	3.1	0
宁夏	0.06	0.05	2.1	0.02
新疆	0.4	0.3	16.7	0.3

（三）科技创新产出

表2-3-1　研究机构科技创新产出（2009—2014年）

指标	2009年	2010年	2011年	2012年	2013年	2014年
3.1 发表科技论文数（篇）	138119	140818	148039	158647	164440	171928
3.2 国外发表论文占比（%）	18.7	19.1	21.3	22.2	25.0	27.4
3.3 专利申请受理数（件）	15773	19192	24059	30418	37040	41966
3.4 发明专利占比（%）	78.4	78.0	75.8	76.9	77.3	76.9
3.5 有效发明专利拥有量（件）	17677	22679	29260	42908	53636	65837
3.6 形成国家或行业标准数（项）	2458	3594	3960	4862	4368	3816

表2-3-2　2014年研究机构科技创新产出分布

	发表科技论文数（篇）	专利申请受理数（件）	有效发明专利拥有量（件）	形成国家或行业标准数（项）
按隶属关系				
中央部门属	109422	35026	55561	2602
地方部门属	62506	6940	10276	1214
按地区				
北京	56277	11847	21711	1768
天津	3085	1112	1371	53
河北	2304	561	847	26
山西	2349	511	1005	40
内蒙古	984	93	140	61
辽宁	6079	2128	3065	41
吉林	4608	858	2803	92
黑龙江	3374	544	970	47
上海	9910	3841	5667	278
江苏	10152	2740	4086	162
浙江	4707	1347	1746	95
安徽	3426	1376	1262	130
福建	3190	535	910	36
江西	1627	284	172	23
山东	7284	1398	2117	136
河南	3552	697	1408	42
湖北	6046	1502	2487	83
湖南	1903	537	487	36
广东	8094	2147	2898	242
广西	3441	461	380	32
海南	1672	244	399	21

续表

	发表科技论文数（篇）	专利申请受理数（件）	有效发明专利拥有量（件）	形成国家或行业标准数（项）
重庆	1603	370	338	20
四川	6771	2064	3186	96
贵州	2026	241	306	7
云南	3998	337	531	17
西藏	136	24	28	0
陕西	5900	2907	3773	111
甘肃	3915	679	1059	24
青海	510	163	137	0
宁夏	542	18	23	21
新疆	2463	400	525	76

（四）经济社会价值

表2-4-1　研究机构经济社会价值（2009—2014年）

指标	2009年	2010年	2011年	2012年	2013年	2014年
4.1 从业人员总数（人）	639185	664155	702621	739092	761963	778861
4.2 专利所有权转让与许可数（件）	509	572	735	1095	2644	1153
4.3 专利所有权转让与许可收入（万元）	120824	290655	624188	42403	318776	46905
4.4 科研机构作为卖方的成交合同数（项）	30858	29673	31833	36140	33118	29328
4.5 科研机构作为卖方的成交合同金额（万元）	1913980	1990272	2614299	4029582	5010078	4588179
4.6 科研机构作为买方的成交合同数（项）	11060	12754	14222	16806	17825	18472
4.7 科研机构作为买方的成交合同金额（万元）	942536	951608	967275	1581736	1949743	2306205

表2-4-2　2014年研究机构经济社会价值分布

	专利所有权转让与许可数（件）	专利所有权转让与许可收入（万元）
按隶属关系		
中央部门属	990	44815.4
地方部门属	163	2089.9
按地区		
北京	475	19698
天津	21	1581
河北	10	151
山西	10	815
内蒙古	0	0
辽宁	72	5247
吉林	3	0
黑龙江	18	7
上海	54	6043
江苏	43	1676
浙江	97	1518
安徽	28	355
福建	8	524
江西	1	52
山东	32	1374
河南	13	370
湖北	19	144
湖南	17	750
广东	49	1711
广西	8	8
海南	0	0
重庆	5	1

续表

	专利所有权转让与许可数（件）	专利所有权转让与许可收入（万元）
四川	22	728
贵州	0	0
云南	9	26
西藏	0	0
陕西	30	2570
甘肃	88	1436
青海	11	55
宁夏	1	50
新疆	9	15

（五）组织发展环境

表2-5-1　研究机构组织发展环境（2009—2014年）

指标	2009年	2010年	2011年	2012年	2013年	2014年
5.1 R&D经费内部支出中的国外资金（万元）	41624	34408.5	48871	50527	56715.5	91148
5.2 对境内研究机构的R&D经费外部支出（万元）	89038	185075.8	187810	267524	296643.2	524787
5.3 对国内高等院校的R&D经费外部支出（万元）	24562	34390.1	36965	49798	50699.8	56145
5.4 对国内企业的R&D经费外部支出（万元）	38301	69876.3	77393	85266	74512.5	153752
5.5 对境外机构的R&D经费外部支出（万元）	2503	382.3	268	507	434.7	909

表2-5-2 2014年研究机构组织发展环境分布

	R&D经费内部支出中的国外资金（万元）	对境内研究机构的R&D经费外部支出（万元）	对国内高等院校的R&D经费外部支出（万元）	对国内企业的R&D经费外部支出（万元）	对境外机构的R&D经费外部支出（万元）
按隶属关系					
中央部门属	84063	508837	51105	145146	899
地方部门属	7085	15950	5040	8606	10
按地区					
北京	18421	361743	23582	84359	5
天津	0	4914	1361	6095	0
河北	30	875	1217	591	0
山西	264	47	20	1300	0
内蒙古	0	210	0	0	0
辽宁	1199	22370	12844	7349	0
吉林	2079	90	71	43	0
黑龙江	737	830	0	35	0
上海	8290	6733	1472	11805	0
江苏	9402	6966	1814	8538	0
浙江	343	6208	2007	551	201
安徽	39307	200	110	110	0
福建	285	59	391	160	0
江西	42	3663	577	2784	0
山东	955	7857	1683	722	0
河南	5	692	384	135	0
湖北	845	60753	730	4991	0
湖南	170	1072	295	1897	0
广东	1574	2147	1655	2938	21
广西	52	1360	0	0	0
海南	0	0	0	0	0

续表

	R&D经费内部支出中的国外资金（万元）	对境内研究机构的R&D经费外部支出（万元）	对国内高等院校的R&D经费外部支出（万元）	对国内企业的R&D经费外部支出（万元）	对境外机构的R&D经费外部支出（万元）
重庆	18	291	125	8	0
四川	1169	20021	3221	8488	73
贵州	163	2064	73	1342	0
云南	3653	198	217	90	10
西藏	0	0	187	0	0
陕西	3	12978	1320	9321	600
甘肃	436	192	599	95	0
青海	0	0	0	0	0
宁夏	0	3	9	0	0
新疆	1708	253	183	7	0

三、中国科学院创新能力状况

中国科学院服务国家战略需求和经济社会发展，是中国自然科学领域最高学术机构、科学技术最高咨询机构、自然科学与高技术综合研究发展中心，是中央部门属研究机构的核心力量。

监测结果显示，2014年，中国科学院R&D经费内部支出387.4亿元，其中基础研究经费占39.6%。R&D人员7.5万人年。发表科学论文4.4万篇，其中在国外发表论文数占66.2%。有效发明专利拥有量2.6万件，形成国家或行业标准65项。院地合作项目数超过1万项，院地合作项目销售收入3485.5亿元。

（一）科技创新资源

表3-1-1　中国科学院科技创新资源（2009—2014年）

指标	2009年	2010年	2011年	2012年	2013年	2014年
1.1 从事科技活动人员总数（人）	76209	66539	71585	78994	83724	86844
1.2 博硕士毕业人员占比（%）	29.3	37.9	41.5	43.3	44.5	45.2
1.3 高中级职称人员占比（%）	45.3	57.1	57.3	57.1	57.1	57.6
1.4 女性科技人员占比（%）	17.2	21.0	22.0	22.0	22.3	22.7
1.5 科技活动收入（亿元）	232.9	291.0	324.2	374.6	396.6	427.2
1.6 政府资金收入来源占比（%）	84.1	86.2	81.4	83.7	83.4	84.3
1.7 企业资金收入来源占比（%）	3.6	4.6	5.6	6.1	7.3	5.5
1.8 仪器和设备支出（亿元）	48.5	47.0	53.1	70.0	73.5	76.1

（二）研究开发活动

表3-2-1 中国科学院研究开发活动（2009—2014年）

指标	2009年	2010年	2011年	2012年	2013年	2014年
2.1 R&D经费内部支出（亿元）	193.3	220.2	267.0	319.9	353.2	387.4
2.2 R&D人员（万人）	7.0	7.6	8.0	8.5	8.9	9.2
2.3 R&D全时人员占比（%）	60.1	60.6	63.3	66.5	67.7	66.9
2.4 R&D人员全时当量（万人年）	5.0	5.6	6.1	6.7	7.2	7.5
2.5 基础研究在R&D经费内部支出中占比（%）	34.8	35.0	36.2	37.1	37.4	39.6
2.6 应用研究在R&D经费内部支出中占比（%）	55.1	55.0	52.7	52.3	50.3	50.0
2.7 试验发展在R&D经费内部支出中占比（%）	10.1	10.0	11.1	10.6	12.2	10.5
2.8 R&D经费外部支出（亿元）	2.2	2.9	2.6	3.0	2.2	3.0

（三）科技创新产出

表3-3-1 中国科学院科技创新产出（2009—2014年）

指标	2009年	2010年	2011年	2012年	2013年	2014年
3.1 发表科技论文数（篇）	30862	31240	34971	37606	39999	43779
3.2 国外发表论文占比（%）	53.9	55.9	59.3	60.0	64.3	66.2
3.3 专利申请受理数（件）	5970	6842	8682	10688	12654	12922
3.4 发明专利占比（%）	91.4	91.8	91.4	90.3	88.7	88.7
3.5 有效发明专利拥有量（件）	11205	13114	15609	22011	22946	25593
3.6 形成国家或行业标准数（项）	137	66	61	64	100	65

（四）经济社会价值

表3-4-1　中国科学院经济社会价值（2009—2014年）

指标	2009年	2010年	2011年	2012年	2013年	2014年
4.1 从业人员总数（人）	46714	49378	52865	56796	59821	59569
4.2 本年专利所有权转让与许可数（件）	270	286	318	567	2287	661
4.3 专利所有权转让与许可收入（亿元）	3.2	24.3	24.3	3.2	24.4	2.7
4.4院所投资企业资产总额（亿元）	1499.7	1949.4	2345.3	2919.2	3058.4	4002.4
4.5院所投资企业利税总额（亿元）	87.9	122.1	96.7	144.5	180.9	198.2
4.6院所投资企业R&D投入（亿元）	21.5	27.6	35.2	48.2	58.2	74.4
4.7院所投资企业在职职工总数（人）	73524	86808	97744	105259	131330	136840
4.8院地合作项目数量（项）	5108	6796	7012	8551	9907	10538
4.9院地合作项目销售收入（亿元）	140.3	2049.5	2628.8	3027.3	3105.8	3485.5
4.10院地合作项目利税总额（亿元）	216.5	336.8	413.8	478.4	425.8	470.3

（五）组织发展环境

表3-5-1　中国科学院组织发展环境（2009—2014年）

指标	2009年	2010年	2011年	2012年	2013年	2014年
5.1 R&D经费内部支出中的国外资金（万元）	26958	21634.6	34754	35052	34612	68972
5.2 对境内研究机构的R&D经费外部支出（万元）	17346	15288.4	11653	10650	6275.8	9458
5.3 对国内高等院校的R&D经费外部支出（万元）	2936	6210.3	4587	4334	4242.6	3723
5.4 对国内企业的R&D经费外部支出（万元）	1404	2148.3	3203	2469	2414.3	1997
5.5 对境外机构的R&D经费外部支出（万元）	83	103.2	0	0	0	21

四、农业科技领域研发机构创新能力状况

本报告所指农业科技领域研发机构（以下简称农业科研机构），是指自然科学与技术领域中，服务的国民经济行业为农、林、牧、渔服务业的政府研究机构。除农业部所属机构外，农业科研机构主要分布在地方部门，在为地方经济做贡献中表现活跃。

监测结果显示，2014年，农业科研机构合计有1178个，从业人员总数为9.4万人。R&D经费内部支出118.7亿元，R&D人员4.5万人年，发表科技论文数3万篇，有效发明专利拥有量9002件，形成国家或行业标准数795项。

（一）科技创新资源

表4-1-1　农业科研机构科技创新资源（2009—2014年）

指标	2009年	2010年	2011年	2012年	2013年	2014年
1.1 从事科技活动人员总数（人）	73349	74051	75103	76841	77513	71963
1.2 博硕士毕业人员占比（%）	19.4	22.5	24.4	26.6	29.3	34.3
1.3 高中级职称人员占比（%）	56.5	58.6	58.8	60.1	61.1	66.5
1.4 女性科技人员占比（%）	32.7	33.4	33.9	34.2	34.6	37.9
1.5 科技活动收入（亿元）	152.1	168.6	184.7	208.2	235.5	239.8
1.6 政府资金收入来源占比（%）	88.6	88.7	88.3	88.2	89.7	89.3
1.7 企业资金收入来源占比（%）	2.4	2.8	2.0	3.1	2.6	–
1.8 仪器和设备支出（亿元）	19.2	17.6	20.0	21.8	23.2	16.2

表4-1-2　2014年农业科研机构科技创新资源分布

	机构数（个）	从业人员（人）	科技活动人员（人）	科技活动收入（亿元）
按隶属关系				
中央部门属	61	13208	9822	61.1
农业部	43	10829	7966	49.2
卫生部	2	97	70	0.4
国家林业局	13	1876	1397	10.1
中国科学院	1	254	247	1.0
中华全国供销合作总社	2	152	142	0.4
地方部门属	1117	81051	62141	178.7
按地区				
北京	26	5623	4876	32.9
天津	14	698	570	2.0
河北	34	2160	1788	5.2
山西	50	3187	2619	5.6
内蒙古	37	3101	2233	6.2
辽宁	52	3626	2990	6.8
吉林	28	3362	2407	5.6
黑龙江	70	4536	3536	12.7
上海	12	1209	1099	6.1
江苏	31	3637	2766	14.9
浙江	30	3338	2864	14.6
安徽	35	1618	1360	3.8
福建	40	2142	1927	5.3
江西	45	4314	2321	5.0
山东	56	4828	4066	14.0
河南	41	4236	3244	7.9

续表

	机构数（个）	从业人员（人）	科技活动人员（人）	科技活动收入（亿元）
湖北	49	3217	2400	7.5
湖南	71	4704	3408	9.4
广东	74	4969	3438	11.2
广西	49	4202	3089	9.5
海南	19	4076	1870	7.8
重庆	9	1701	1311	4.1
四川	51	3905	2950	8.9
贵州	39	1989	1631	3.8
云南	53	4543	3593	8.5
西藏	7	480	361	1.1
陕西	29	1788	1373	2.5
甘肃	53	3474	2850	8.5
青海	6	106	97	0.2
宁夏	10	413	400	1.2
新疆	58	3077	2526	7.1

（二）研究开发活动

表4-2-1　农业科研机构研究开发活动（2009—2014年）

指标	2009年	2010年	2011年	2012年	2013年	2014年
2.1 R&D经费内部支出（亿元）	69.8	80.7	87.9	105.1	112.1	118.7
2.2 R&D人员（万人）	4.2	4.5	4.6	4.9	5.0	5.1
2.3 R&D全时人员占比（%）	71.9	72.9	75.3	73.9	76.7	75.6
2.4 R&D人员全时当量（万人年）	3.5	3.9	4.0	4.2	4.4	4.5
2.5 基础研究在R&D经费内部支出中占比（%）	5.7	5.5	7.2	9.2	9.9	10.2

续表

指标	2009年	2010年	2011年	2012年	2013年	2014年
2.6 应用研究在R&D经费内部支出中占比（%）	24.1	21.3	24.5	18.9	19.1	17.2
2.7 试验发展在R&D经费内部支出中占比（%）	70.1	73.2	68.3	71.8	71.0	72.6
2.8 R&D经费外部支出（亿元）	2.3	–	–	4.5	3.7	3.1

表4-2-2　2014年农业科研机构研究开发活动分布

	R&D人员（万人）	R&D人员全时当量（万人时）	科技经费内部支出（亿元）	科技经费外部支出（亿元）
按隶属关系				
中央部门属	1.0	0.9	36.1	1.9
农业部	0.8	0.7	30.8	1.6
卫生部	0.006	0.005	0.1	0.004
国家林业局	0.1	0.1	4.3	0.16
中国科学院	0.04	0.03	0.8	0.14
中华全国供销合作总社	0.007	0.0069	0.1	0
地方部门属	4.1	3.6	82.6	1.2
按地区				
北京	0.5	0.5	20.7	1.4
天津	0.03	0.03	1.2	0
河北	0.1	0.09	2.8	0.007
山西	0.1	0.1	1.7	0
内蒙古	0.1	0.1	2.5	0
辽宁	0.2	0.1	3.1	0.003
吉林	0.2	0.17	3.7	0.001

续表

	R&D人员（万人）	R&D人员全时当量（万人时）	科技经费内部支出（亿元）	科技经费外部支出（亿元）
黑龙江	0.3	0.3	7.6	0.08
上海	0.08	0.08	2.8	0.007
江苏	0.2	0.19	6.1	0.1
浙江	0.2	0.12	5.9	0.3
安徽	0.1	0.1	1.8	0.07
福建	0.2	0.12	2.8	0.03
江西	0.1	0.1	1.4	0
山东	0.3	0.3	8.3	0.7
河南	0.2	0.2	4.0	0.02
湖北	0.2	0.18	4.7	0.06
湖南	0.3	0.27	5.0	0.1
广东	0.2	0.2	6.3	0.06
广西	0.2	0.18	4.6	0
海南	0.06	0.06	2.4	0
重庆	0.08	0.08	1.7	0.03
四川	0.2	0.17	3.4	0.02
贵州	0.1	0.09	1.1	0.01
云南	0.3	0.22	5.5	0.03
西藏	0.01	0.01	0.6	0
陕西	0.05	0.035	0.4	0
甘肃	0.2	0.15	3.0	0
青海	0.0006	0.0004	0.006	0
宁夏	0.03	0.03	0.8	0
新疆	0.1	0.1220	2.9	0.01

（三）科技创新产出

表4-3-1　农业科研机构科技创新产出（2009—2014年）

指标	2009年	2010年	2011年	2012年	2013年	2014年
3.1 发表科技论文数（篇）	29582	30491	30097	29655	29803	30396
3.2 国外发表论文占比（%）	7.0	7.9	9.1	11.4	13.2	15.4
3.3 专利申请受理数（件）	2120	2467	2572	3733	5041	5628
3.4 发明专利占比（%）	68.9	69.5	68.0	71.0	66.0	68.2
3.5 有效发明专利拥有量（件）	1570	1954	2744	4464	6854	9002
3.6 形成国家或行业标准数（项）	545	450	455	512	708	795

表4-3-2　2014年农业科研机构科技创新产出分布

	发表科技论文数（篇）	专利申请受理数（件）	有效发明专利拥有量（件）	形成国家或行业标准数（项）
按隶属关系				
中央部门属	8201	1602	2959	234
农业部	6743	1466	2668	219
卫生部	43	10	13	0
国家林业局	1155	80	183	15
中国科学院	141	24	56	0
中华全国供销合作总社	119	22	39	0
地方部门属	22195	4026	6043	561
按地区				
北京	3834	639	1115	154
天津	240	87	265	5
河北	780	114	188	21
山西	594	121	187	35
内蒙古	541	29	28	47

续表

	发表科技论文数（篇）	专利申请受理数（件）	有效发明专利拥有量（件）	形成国家或行业标准数（项）
辽宁	751	37	128	13
吉林	735	31	74	14
黑龙江	1556	167	513	23
上海	752	314	475	4
江苏	2033	761	1115	24
浙江	1730	285	766	25
安徽	480	162	109	7
福建	959	172	377	12
江西	507	64	39	13
山东	2058	490	827	60
河南	1021	111	146	20
湖北	1089	173	215	46
湖南	974	133	223	25
广东	1505	275	493	35
广西	1284	287	233	25
海南	1231	235	312	21
重庆	361	69	138	2
四川	933	143	266	31
贵州	705	59	53	1
云南	1134	142	156	14
西藏	71	1	1	0
陕西	233	2	6	22
甘肃	1170	302	430	20
青海	28	0	0	0
宁夏	230	15	23	19
新疆	877	208	101	57

（四）经济社会价值

表4-4-1　农业科研机构经济社会价值（2009—2014年）

指标	2009年	2010年	2011年	2012年	2013年	2014年
4.1 从业人员总数（人）	96786	98010	96640	96648	95436	94259
4.2 本年专利所有权转让与许可数（件）	90	112	125	126	165	132
4.3 专利所有权转让与许可收入（万元）	1434	13482	24767	1709	3595	2795.2

表4-4-2　2014年农业科研机构经济社会价值分布

	专利所有权转让与许可数（件）	专利所有权转让与许可收入（万元）
按隶属关系		
中央部门属	23	1576.9
农业部	13	809.9
卫生部	0	0
国家林业局	1	12
中国科学院	8	750
中华全国供销合作总社	1	5
地方部门属	109	1218.3
按地区		
北京	18	863.3
天津	0	0
河北	8	86.0
山西	0	0
内蒙古	0	0
辽宁	0	0
吉林	0	0
黑龙江	5	0

续表

	专利所有权转让与许可数（件）	专利所有权转让与许可收入（万元）
上海	0	0
江苏	16	540.0
浙江	11	135.4
安徽	18	0
福建	4	15.5
江西	1	52.0
山东	5	5.4
河南	0	0
湖北	4	1.4
湖南	17	750.2
广东	5	12.4
广西	2	8.0
海南	0	0
重庆	0	0
四川	6	255.0
贵州	0	0
云南	8	0
西藏	0	0
陕西	0	0
甘肃	3	20.6
青海	0	0
宁夏	1	50.0
新疆	0	0

（五）组织发展环境

表4-5-1　农业科研机构组织发展环境（2009—2014年）

指标	2009年	2010年	2011年	2012年	2013年	2014年
5.1 R&D经费内部支出中的国外资金（亿元）	0.4	0.4	0.6	0.6	0.8	0.5
5.2 对境内研究机构的R&D经费外部支出（亿元）	1.4	–	–	–	–	2.1
5.3 对国内高等院校的R&D经费外部支出（亿元）	0.7	–	–	–	–	0.5
5.4 对国内企业的R&D经费外部支出（亿元）	0.1	–	–	–	–	1.8
5.5 对境外机构的R&D经费外部支出（亿元）	0	–	–	–	–	0

表4-5-2　2014年农业科研机构组织发展环境分布

	R&D经费内部支出中的国外资金（亿元）	对境内研究机构的R&D经费外部支出（亿元）	对国内高等院校的R&D经费外部支出（亿元）	对国内企业的R&D经费外部支出（亿元）	对境外机构的R&D经费外部支出（亿元）
按隶属关系					
中央部门属	0.2	1.3	0.4	0.09	0
农业部	0.2	1.1	0.3	0.09	0
卫生部	0	0.004	0	0	0
国家林业局	0.003	0.04	0.03	0	0
中国科学院	0.01	0.1	0.03	0.001	0
中华全国供销合作总社	0	0	0	0	0
地方部门属	0.3	0.9	0.1	0.09	0
按地区					
北京	0.2	0.9	0.3	0.04	0
天津	0	0	0	0	0
河北	0.003	0.006	0.001	0	0
山西	0	0	0	0	0
内蒙古	0	0	0	0	0

续表

	R&D经费内部支出中的国外资金（亿元）	对境内研究机构的R&D经费外部支出（亿元）	对国内高等院校的R&D经费外部支出（亿元）	对国内企业的R&D经费外部支出（亿元）	对境外机构的R&D经费外部支出（亿元）
辽宁	0.005	0	0.003	0	0
吉林	0.009	0.0006	0	0.0004	0
黑龙江	0.02	0.08	0	0.0002	0
上海	0.01	0.001	0.004	0.001	0
江苏	0.003	0.1	0.02	0.01	0
浙江	0.01	0.3	0.02	0.02	0
安徽	000310	00300	0	0.01	0
福建	0.003	0.0007	0.02	0.009	0
江西	0	0	0	0	0
山东	0.003	0.5	0.09	0.07	0
河南	0.0005	0.02	0	0	0
湖北	0.0009	0	0	0	0
湖南	0.01	0.1	0.03	0.004	0
广东	0.004	0.06	0.0004	0	0
广西	0.003	0	0	0	0
海南	0	0	0	0	0
重庆	0	0.02	0.006	0	0
四川	00003	0.003	0.003	0.01	0
贵州	00004	0.004	0.003	0.004	0
云南	0.2	0.007	0.02	0	0
西藏	0	0	0	0	0
陕西	0	0	0	0	0
甘肃	0	0	0	0	0
青海	0	0	0	0	0
宁夏	0	0	0	0	0
新疆	0	0.007	0.006	0.0007	0

五、与创新联系较为密切的研究机构创新能力状况

1998年，国务院开始对原机械工业部、冶金工业部等10个部委隶属的242个研究开发机构进行企业化转制，以加快建立以企业为中心的技术创新体系，服务国家和区域经济社会的发展，开启了研究机构规模化改革的大幕。随后，又有隶属于国土资源部等20余个部委的300多家国有社会公益类机构开始向非营利性科研机构进行转型。目前，我国政府所属研究机构的职能主要是根据国家科技发展战略、围绕国民经济和社会发展的重大需求和科学技术前沿问题开展基础性、公益性和战略性研究，总体上与产业创新发展的联系不够密切。本报告以研究机构中的非政府资金来源的技术性收入作为衡量指标，对该项年收入达到100万元以上的研究机构进行了监测，试图了解这部分与创新联系较为密切的研究机构2014年度产学研合作、科技成果转化以及人才培养与流动等方面的状况。

监测结果显示，2014年，来自非政府资金来源的技术性收入100万元以上的研究机构（以下简称创新调查机构）共353个，从业人员总数10.3万人，主要为中央部门属研究机构，地区布局上主要集中在北京、上海、浙江和广东，这4个地区的创新调查机构数量占总数的44%，服务国民经济的行业分布主要为农林牧渔业、制造业、科学研究和技术服务业以及水利、环境和公共设施管理业。全部创新调查机构R&D经费内部支出405.5亿元，R&D人员8.4万人年，有效发明专利拥有量2.8万件，形成国家或行业标准数624项。

（一）总体分布

表5-1-1 总体情况部门分布

部门	机构数（个）	从业人员总数（人）	经费收入总额（亿元）	经费支出总额（亿元）
合计	353	103098	674.4	647.9
中央部门属				
合计	141	69352	519.4	502.7
教育部	1	83	0.3	0.29
工业和信息化部	3	1944	10.4	9.8
国土资源部	4	1333	18.2	14.9
环境保护部	4	1095	8.8	9.7
住房和城乡建设部	1	21	0.05	0.03
交通运输部	2	597	3.3	2.6
水利部	5	1972	11.6	10.9
农业部	18	4485	24.0	24.1
国家卫生和计划生育委员会	12	5268	51.8	47.9
国家质量监督检验检疫总局	1	894	9.0	8.6
国家新闻出版广电总局	1	173	1.4	1.3
国家安全生产监督管理总局	1	324	2.0	1.8
国家林业局	2	158	1.2	1.1
中国科学院	73	47552	357.3	351.6
中国地震局	1	328	2.0	1.7
国家粮食局	1	531	2.8	1.8
国家海洋局	3	754	5.8	5.3
中国铁路总公司	1	43	0.15	0.14
国家中医药管理局	2	289	1.7	1.8
中华全国供销合作总社	2	127	0.65	0.57
中国煤炭工业协会	1	115	0.23	0.23

续表

部门	机构数（个）	从业人员总数（人）	经费收入总额（亿元）	经费支出总额（亿元）
中国轻工业联合会（中华全国手工业合作总社）	1	367	1.68	1.65
中国有色金属工业协会	1	899	4.7	4.8
地方部门属				
合计	212	33746	154.9	145.2
北京	8	2522	14.8	15.1
天津	9	841	4.44	3.81
河北	2	121	0.54	0.43
山西	8	1385	2.76	3.12
内蒙古	3	448	1.21	0.99
辽宁	8	750	2.63	2.42
吉林	4	968	4.05	2.84
黑龙江	5	382	1.06	1.01
上海	13	1273	9.83	9.32
江苏	9	2176	11.06	9.28
浙江	25	4051	24.00	22.65
安徽	5	462	1.54	1.41
福建	12	999	3.10	2.57
江西	3	855	1.51	1.51
山东	13	1930	7.74	6.60
河南	7	508	1.59	1.50
湖北	8	766	3.40	2.93
湖南	9	1004	3.17	2.61
广东	21	3295	31.27	28.15
广西	8	1520	7.34	7.34
海南	1	95	0.11	0.11

续表

部门	机构数（个）	从业人员总数（人）	经费收入总额（亿元）	经费支出总额（亿元）
重庆	5	2059	5.50	7.85
四川	10	2372	5.99	5.32
贵州	2	383	0.93	0.63
云南	1	1742	2.8	3.3
西藏	0	0	0	0
陕西	1	83	0.24	0.24
甘肃	2	231	0.33	0.28
青海	0	0	0	0
宁夏	2	52	0.2	0.2
新疆	8	473	1.8	1.6

表5-1-2　总体情况地区分布

地区	机构数（个）	从业人员总数（人）	经费收入总额（亿元）	经费支出总额（亿元）
北京	62	27563	228.5	216.9
天津	12	1346	7.0	6.4
河北	2	121	0.5	0.4
山西	9	1950	8.1	8.4
内蒙古	3	448	1.2	1.0
辽宁	12	4778	33.5	28.0
吉林	7	4395	24.5	26.2
黑龙江	6	1029	5.2	5.7
上海	24	8906	74.5	73.1
江苏	12	3256	21.8	19.6
浙江	34	6129	37.7	35.8

续表

地区	机构数（个）	从业人员总数（人）	经费收入总额（亿元）	经费支出总额（亿元）
安徽	7	2985	18.0	19.7
福建	15	2039	8.3	7.6
江西	3	855	1.5	1.5
山东	15	2970	23.4	21.9
河南	9	814	2.5	2.4
湖北	14	2822	15.8	15.2
湖南	11	1437	4.8	4.0
广东	33	9966	65.0	62.8
广西	8	1520	7.3	7.3
海南	5	1079	4.2	4.0
重庆	6	2411	7.3	9.3
四川	14	4399	21.3	20.6
贵州	2	383	0.9	0.6
云南	5	3413	11.8	12.0
西藏	0	0	0.0	0.0
陕西	4	2041	19.4	18.6
甘肃	6	2710	14.0	13.5
青海	2	458	2.5	2.4
宁夏	2	52	0.2	0.2
新疆	9	823	3.5	2.9

表5-1-3　服务国民经济的行业分布

地区	机构数（个）	从业人员总数（人）	经费收入总额（亿元）	经费支出总额（亿元）
农、林、牧、渔业	88	15894	66.7	65.7
采矿业	2	1014	5.0	5.1
制造业	53	10580	48.61	47.90
电力、热力、燃气及水生产和供应业	3	1398	9.3	8.9
建筑业	6	1937	6.5	6.0
交通运输、仓储和邮政业	6	1025	5.16	3.83
信息传输、软件和信息技术服务业	9	1753	9.5	8.7
房地产业	1	19	0.02	0.02
租赁和商业服务业	1	42	0.08	0.06
科学研究和技术服务业	127	57412	411.7	401.4
水利、环境和公共设施管理业	41	6194	37.5	33.0
教育	1	83	0.3	0.3
卫生和社会工作	13	5227	70.7	64.1
公共管理、社会保障和社会组织	2	520	3.27	2.92

（二）科技资源投入与活动

表5-2-1　科技资源投入概况

指标	中央部门属	地方部门属
科技活动人员（人）	61393	26070
博硕士毕业人员占比（%）	64.69	39.28
高中级职称人员占比（%）	73.66	64.65
女性科技人员占比（%）	35.65	38.60
科技活动收入（亿元）	438.22	117.03
政府资金占比（%）	80.60	67.50

续表

指标	中央部门属	地方部门属
技术性收入占比（%）	14.10	29.97
设备购置费（亿元）	61.93	9.75

表5-2-2　科技活动人员的规模分布

规模分布	机构数（个）	从业人员总数（人）	科技活动人员（人）	经费收入总额（亿元）	经费支出总额（亿元）
总 计	353	103098	87463	674.36	647.87
≥1000人	13	19926	18435	126.67	130.19
500～999人	37	27900	25848	209.12	202.40
300～499人	38	18148	14712	106.51	100.99
200～299人	35	12046	8670	108.86	102.31
100～199人	81	14438	11559	82.14	75.06
50～99人	84	7890	6236	31.22	27.81
30～49人	36	1883	1465	6.60	6.22
20～29人	11	317	291	1.34	1.17
10～19人	15	447	228	1.47	1.39
0～9人	3	103	19	0.44	0.33

表5-2-3　科技资源投入的部门分布

部门	科技活动人员（人）	科技活动收入（亿元）	设备购置费（亿元）
合计	87463	555.25	71.68
中央部门属			
合计	61393	438.22	61.93
教育部	81	0.29	0.01
工业和信息化部	1818	9.67	0.45
国土资源部	1103	17.42	0.42
环境保护部	881	8.14	0.68
住房和城乡建设部	19	0.05	0
交通运输部	423	3.18	0.22
水利部	1559	9.02	0.51
农业部	3424	21.63	1.69
国家卫生和计划生育委员会	2372	13.79	1.49
国家质量监督检验检疫总局	659	8.49	1.62
国家新闻出版广电总局	173	1.26	0.38
国家安全生产监督管理总局	291	1.99	0.21
国家林业局	148	1.04	0.13
中国科学院	45611	328.10	52.02
中国地震局	303	1.77	0.15
国家粮食局	313	1.58	0.07
国家海洋局	669	5.46	0.96
中国铁路总公司	43	0.08	0
国家中医药管理局	233	1.59	0.35

续表

部门	科技活动人员（人）	科技活动收入（亿元）	设备购置费（亿元）
中华全国供销合作总社	92	0.32	0.01
中国煤炭工业协会	86	0.23802	0.02
中国轻工业联合会（中华全国手工业合作总社）	319	1.05	0.07
中国有色金属工业协会	773	2.065	0.47
地方部门属			
合计	26070	117.03	9.75
北京	2020	13.69	2.46
天津	664	3.74	0.44
河北	61	0.46	0.02
山西	1154	2.53	0.12
内蒙古	396	0.95	0.20
辽宁	614	2.36	0.08
吉林	604	2.85	0.11
黑龙江	322	0.85	0.01
上海	1181	7.23	0.46
江苏	1843	10.15	0.68
浙江	3502	19.44	1.77
安徽	417	1.52	0.19
福建	829	2.37	0.08
江西	593	0.82	0.03
山东	1390	5.78	0.30
河南	421	1.48	0.13

续表

部门	科技活动人员（人）	科技活动收入（亿元）	设备购置费（亿元）
湖北	531	2.58	0.20
湖南	794	2.82	0.23
广东	2329	17.43	0.62
广西	1355	4.41	0.48
海南	67	0.08	0.002
重庆	1450	3.43	0.29
四川	1208	4.45	0.25
贵州	328	0.72	0.04
云南	1315	2.71	0.28
西藏	0	0	0
陕西	60	0.21	0.009
甘肃	169	0.27	0.05
青海	0	0	0
宁夏	51	0.19	0.06
新疆	402	1.51	0.15

表5-2-4　科技资源投入的地区分布

地区	科技活动人员（人）	科技活动收入（亿元）	设备购置费（亿元）
合计	87463	555.25	71.68
北京	22746	177.79	20.89
天津	1076	5.99	0.86
河北	61	0.46	0.02
山西	1712	6.91	1.01
内蒙古	396	0.95	0.20

续表

地区	科技活动人员（人）	科技活动收入（亿元）	设备购置费（亿元）
辽宁	4462	31.86	2.62
吉林	3935	21.41	2.94
黑龙江	750	5.00	0.21
上海	8593	65.96	10.11
江苏	2688	17.88	2.08
浙江	5370	31.83	3.25
安徽	2910	16.82	7.64
福建	1853	6.42	1.13
江西	593	0.82	0.03
山东	2430	20.98	2.08
河南	692	2.34	0.17
湖北	2420	13.48	1.93
湖南	1204	4.31	0.36
广东	8445	45.81	3.95
广西	1355	4.41	0.48
海南	693	3.87	0.46
重庆	1802	5.19	0.54
四川	3064	18.95	2.16
贵州	328	0.72	0.039
云南	2433	9.41	0.88
西藏	0	0	0
陕西	1732	18.46	2.58
甘肃	2515	11.89	2.42
青海	450	1.93	0.23
宁夏	51	0.19	0.06
新疆	704	3.18	0.34

表5-2-5　科技资源投入服务国民经济的行业分布

行业	科技活动收入（亿元）	设备购置费（亿元）
合计	555.25	71.68
农、林、牧、渔业	57.60	4.38
采矿业	2.30	0.49
制造业	37.68	4.97
电力、热力、燃气及水生产和供应业	6.75	0.51
建筑业	5.00	0.17
交通运输、仓储和邮政业	4.71	0.22
信息传输、软件和信息技术服务业	8.25	0.92
房地产业	0.02	0.00006
租赁和商业服务业	0.08	0.00007
科学研究和技术服务业	377.01	55.49
水利、环境和公共设施管理业	33.15	2.94
教育	0.29	0.005
卫生和社会工作	19.21	1.12
公共管理、社会保障和社会组织	3.19	0.47

表5-2-6　R&D活动概况

指标	中央部门属	地方部门属
R&D经费内部支出（亿元）	356.25	49.24
R&D人员（万人）	8.53	1.68
R&D人员全时当量（万人年）	6.97	1.39
基础研究在R&D经费内部支出中占比（%）	32.34	8.04
应用研究在R&D经费内部支出中占比（%）	41.69	15.66
试验发展在R&D经费内部支出中占比（%）	15.55	42.11

续表

指标	中央部门属	地方部门属
R&D成果应用在R&D经费内部支出中占比（%）	4.51	17.16
科技服务在R&D经费内部支出中占比（%）	5.91	17.03
R&D经费外部支出（亿元）	8.78	1.35
科技课题（个）	36923	10203

表5-2-7　R&D活动的部门分布

部门	R&D经费内部支出（亿元）	R&D人员（万人）	R&D人员全时当量（万人年）	R&D经费外部支出（亿元）	科技课题（个）
合计	405.48	10.21	8.36	10.13	47126
中央部门属					
合计	356.25	8.53	6.97	8.78	36923
教育部	0	0	0	0	4
工业和信息化部	3.80	0.11	0.08	0	86
国土资源部	2.33	0.06	0.05	3.39	297
环境保护部	3.02	0.07	0.05	0.06	386
交通运输部	1.30	0.03	0.02	0.34	138
水利部	4.63	0.11	0.05	0.07	1301
农业部	13.55	0.31	0.29	1.04	2214
国家卫生和计划生育委员会	7.78	0.24	0.20	0.63	1143
国家质量监督检验检疫总局	6.16	0.06	0.06	0	316
国家新闻出版广电总局	0.58	0.01	0.009	0	70
国家安全生产监督管理总局	1.17	0.02	0.02	0.07	23

续表

部门	R&D经费内部支出（亿元）	R&D人员（万人）	R&D人员全时当量（万人年）	R&D经费外部支出（亿元）	科技课题（个）
国家林业局	0.61	0.02	0.02	0	149
中国科学院	300.80	7.24	5.91	2.33	29670
中国地震局	1.23	0.03	0.02	0	194
国家粮食局	0.88	0.03	0.02	0.31	44
国家海洋局	3.79	0.05	0.04	0.45	388
中国铁路总公司	0.07	0.004	0.004	0	14
国家中医药管理局	1.45	0.03	0.02	0.04	129
中华全国供销合作总社	0.03	0.002	0.002	0	3
中国煤炭工业协会	0.73	0.03	0.02	0	66
中国轻工业联合会（中华全国手工业合作总社）	0.11	0.006	0.004	0	42
中国有色金属工业协会	2.19	0.07	0.06	0.03	246
地方部门属					
合计	49.24	1.68	1.39	1.35	10203
北京	7.40	0.15	0.13	0.43	927
天津	1.70	0.04	0.03	0.02	235
河北	0.13	0.004	0.004	0	30
山西	0.19	0.03	0.02	0.002	188
内蒙古	0.30	0.02	0.01	0	24
辽宁	0.91	0.03	0.03	0	123
吉林	0.55	0.04	0.03	0	144
黑龙江	0.57	0.03	0.03	0	56
上海	2.63	0.06	0.06	0	637

续表

部门	R&D经费内部支出（亿元）	R&D人员（万人）	R&D人员全时当量（万人年）	R&D经费外部支出（亿元）	科技课题（个）
江苏	4.00	0.14	0.13	0.17	1596
浙江	7.64	0.18	0.13	0.15	1893
安徽	0.59	0.04	0.03	0.01	229
福建	1.27	0.06	0.05	0	458
江西	0.13	0.02	0.02	0	61
山东	0.85	0.07	0.07	0	257
河南	0.77	0.02	0.02	0	154
湖北	1.13	0.04	0.03	0	344
湖南	1.39	0.07	0.06	0	303
广东	6.89	0.18	0.13	0.04	856
广西	2.31	0.06	0.05	0.14	241
海南	0	0	0	0	0
重庆	2.13	0.10	0.09	0.22	326
四川	2.31	0.10	0.07	0.19	596
贵州	0.16	0.03	0.02	0	58
云南	2.26	0.13	0.09	0	224
西藏	0	0	0	0	0
陕西	0.15	0.006	0.004	0	20
甘肃	0.09	0.009	0.008	0	13
青海	0	0	0	0	0
宁夏	0.15	0.003	0.003	0	54
新疆	0.62	0.02	0.02	0.0007	156

表5-2-8　R&D活动的地区分布

地区	R&D经费内部支出（亿元）	R&D人员（万人）	R&D人员全时当量（万人年）	R&D经费外部支出（亿元）	科技课题（个）
合计	405.48	10.21	8.36	10.14	47126
北京	134.50	3.06	2.56	6.56	14569
天津	3.38	0.07	0.06	0.02	435
河北	0.13	0.004	0.004	0	30
山西	4.30	0.08	0.07	0.01	463
内蒙古	0.30	0.02	0.01	0	24
辽宁	20.17	0.54	0.41	0.42	1737
吉林	20.91	0.56	0.47	0	1558
黑龙江	3.105	0.07	0.07	0	209
上海	58.66	1.30	1.00	0.79	5983
江苏	9.81	0.27	0.24	0.17	2365
浙江	16.69	0.34	0.25	0.75	3014
安徽	16.41	0.44	0.34	0.01	765
福建	5.95	0.21	0.16	0	1163
江西	0.13	0.02	0.02	0	61
山东	15.26	0.27	0.23	0	1093
河南	1.03	0.03	0.03	0.07	187
湖北	11.27	0.39	0.35	0.20	1986
湖南	2.48	0.12	0.11	0.14	507
广东	29.13	0.82	0.63	0.39	3804
广西	2.31	0.06	0.05	0.14	241
海南	1.95	0.03	0.03	0	351
重庆	3.27	0.15	0.14	0.22	561
四川	14.55	0.33	0.28	0.26	1653
贵州	0.16	0.03	0.02	0	58

续表

地区	R&D经费内部支出（亿元）	R&D人员（万人）	R&D人员全时当量（万人年）	R&D经费外部支出（亿元）	科技课题（个）
云南	7.20	0.32	0.25	0	1193
西藏	0	0	0	0	0
陕西	8.34	0.17	0.13	0	446
甘肃	10.48	0.34	0.31	0	1712
青海	1.78	0.08	0.04	0	375
宁夏	0.15	0.003	0.003	0	54
新疆	1.66	0.08	0.07	0.0007	529

表5-2-9 R&D活动服务国民经济的行业分布

行业	R&D经费内部支出（亿元）	R&D经费外部支出（亿元）	科技课题（个）
合计	405.48	10.14	47126
农、林、牧、渔业	35.68	1.62	8083
采矿业	2.23	0.03	249
制造业	24.99	0.99	2947
电力、热力、燃气及水生产和供应业	3.98	0	927
建筑业	0.57	0.03	143
交通运输、仓储和邮政业	1.43	0.34	222
信息传输、软件和信息技术服务业	4.33	0.003	555
房地产业	0	0	0
租赁和商业服务业	0.02	0	4
科学研究和技术服务业	308.53	6.25	30021
水利、环境和公共设施管理业	12.71	0.49	2752
教育	0	0	4
卫生和社会工作	8.75	0.31	875
公共管理、社会保障和社会组织	2.28	0.07	344

（三）科技成果产出

表5-3-1　科技创新产出概况

指标	中央部门属	地方部门属
发表科技论文数（篇）	43341	9661
国外发表论文占比（%）	58.57	16.55
专利申请受理数（件）	12465	1934
发明专利占比（%）	85.06	67.84
有效发明专利拥有量（件）	24953	3459
形成国家或行业标准数（项）	393	231

表5-3-2　科技创新产出的部门分布

部门	发表科技论文数（篇）	专利申请受理数（件）	有效发明专利拥有量（件）	形成国家或行业标准数（项）
合计	53002	14399	28412	624
中央部门属				
合计	43341	12465	24953	393
教育部	8	0	0	14
工业和信息化部	344	61	31	46
国土资源部	703	27	38	1
环境保护部	537	38	33	64
住房和城乡建设部	0	0	0	0
交通运输部	239	27	21	6
水利部	526	62	138	37
农业部	3052	892	1269	71
国家卫生和计划生育委员会	2050	159	420	4

续表

部门	发表科技论文数（篇）	专利申请受理数（件）	有效发明专利拥有量（件）	形成国家或行业标准数（项）
国家质量监督检验检疫总局	442	0	25	9
国家新闻出版广电总局	68	13	36	9
国家安全生产监督管理总局	108	15	1	8
国家林业局	137	43	99	24
中国科学院	33654	10954	22446	44
中国地震局	147	4	4	0
国家粮食局	78	9	72	1
国家海洋局	252	30	81	3
中国铁路总公司	4	2	12	0
国家中医药管理局	613	17	37	0
中华全国供销合作总社	30	9	16	9
中国煤炭工业协会	20	1	10	0
中国轻工业联合会（中华全国手工业合作总社）	65	21	32	0
中国有色金属工业协会	264	81	132	43
地方部门属				
合计	9661	1934	3459	231
北京	748	130	190	15
天津	329	60	134	0
河北	44	5	20	1
山西	357	88	25	1
内蒙古	65	2	9	12
辽宁	187	41	53	2
吉林	119	10	36	2

续表

部门	发表科技论文数（篇）	专利申请受理数（件）	有效发明专利拥有量（件）	形成国家或行业标准数（项）
黑龙江	84	11	7	0
上海	527	116	76	3
江苏	961	389	760	4
浙江	1548	240	638	37
安徽	137	50	45	24
福建	310	82	173	3
江西	51	15	14	6
山东	271	114	169	19
河南	138	32	59	6
湖北	270	42	92	4
湖南	202	54	61	9
广东	908	163	481	33
广西	707	27	33	0
海南	4	0	0	0
重庆	346	76	107	19
四川	479	76	213	14
贵州	124	17	10	2
云南	500	78	31	8
西藏	0	0	0	0
陕西	19	0	3	0
甘肃	22	4	5	0
青海	0	0	0	0
宁夏	34	4	2	3
新疆	170	8	13	4

表5-3-3 科技创新产出的地区分布

地区	发表科技论文数（篇）	专利申请受理数（件）	有效发明专利拥有量（件）	形成国家或行业标准数（项）
合计	53002	14399	28412	624
北京	18375	3789	8974	269
天津	499	76	191	3
河北	44	5	20	1
山西	701	186	567	2
内蒙古	65	2	9	12
辽宁	2668	1621	2515	10
吉林	2981	791	2679	2
黑龙江	345	11	161	2
上海	4883	1419	3121	13
江苏	1747	882	1069	4
浙江	2572	737	1280	63
安徽	1247	466	851	25
福建	1023	300	334	3
江西	51	15	14	6
山东	1091	343	520	19
河南	198	49	73	7
湖北	1776	225	513	10
湖南	398	87	130	11
广东	4175	1529	1897	101
广西	707	27	33	0
海南	676	96	239	6
重庆	509	249	118	19
四川	1320	361	1657	17
贵州	124	17	10	2

续表

地区	发表科技论文数（篇）	专利申请受理数（件）	有效发明专利拥有量（件）	形成国家或行业标准数（项）
云南	1523	156	259	8
西藏	0	0	0	0
陕西	896	277	251	0
甘肃	1779	426	587	2
青海	311	163	135	0
宁夏	34	4	2	3
新疆	284	90	203	4

（四）对外科技服务

表5-4-1　对外科技服务概况

服务分类	中央部门属（人年）	地方部门属（人年）
总计	9142	10787
科技成果的示范性推广工作	1889	1959
为用户提供可行性报告、技术方案、建议及进行技术论证等技术咨询工作	1925	2161
地形、地质和水文考察、天文、气象和地震的日常观察	277	76
为社会和公众提供的检验、检疫、测试、标准化、计量、计算、质量控制和专利服务	2250	2763
科技信息文献服务	626	358
其他科技服务活动	1218	1082
科技培训工作	957	2388

表5-4-2 对外科技服务的部门分布

部分	科技成果推广（人年）	技术咨询工作（人年）	天文、地质、气象等观察（人年）	检疫测试计量等服务（人年）	科技信息文献服务（人年）	其他科技服务活动（人年）	科技培训工作（人年）
合计	3848	4086	353	5013	984	2300	3345
中央部门属							
合计	1889	1925	277	2250	626	1218	957
教育部	0	0	0	0	0	0	0
工业和信息化部	11	0	0	503	31	231	2
国土资源部	60	54	23	15	9	5	50
环境保护部	5	151	0	46	2	8	14
住房和城乡建设部	0	0	0	0	0	0	18
交通运输部	20	53	8	10	0	20	30
水利部	138	373	11	37	13	68	21
农业部	409	181	31	171	90	181	230
国家卫生和计划生育委员会	9	51	0	98	12	91	47
国家质量监督检验检疫总局	6	22	1	220	6	10	3
国家新闻出版广电总局	13	4	0	6	0	5	0
国家安全生产监督管理总局	16	16	0	8	0	0	2
国家林业局	5	1	0	0	0	3	8
中国科学院	861	759	188	956	450	368	404
中国地震局	45	5	7	2	1	10	6
国家粮食局	0	0	0	0	0	0	3
国家海洋局	33	86	8	22	1	1	0
中国铁路总公司	0	0	0	0	0	0	0
国家中医药管理局	0	4	0	6	0	30	0
中华全国供销合作总社	22	12	0	10	5	1	11
中国煤炭工业协会	0	10	0	24	0	0	0

续表

部分	科技成果推广（人年）	技术咨询工作（人年）	天文、地质、气象等观察（人年）	检疫测试计量等服务（人年）	科技信息文献服务（人年）	其他科技服务活动（人年）	科技培训工作（人年）
中国轻工业联合会（中华全国手工业合作总社）	24	5	0	31	6	6	14
中国有色金属工业协会	212	138	0	85	0	180	94
地方部门属							
合计	1959	2161	76	2763	358	1082	2388
北京	144	148	2	92	13	46	139
天津	75	119	0	220	3	26	16
河北	8	0	0	2	0	0	0
山西	73	218	31	171	19	47	22
内蒙古	15	57	0	0	25	6	12
辽宁	52	31	0	17	57	34	23
吉林	15	51	0	70	5	0	0
黑龙江	58	13	0	0	0	11	36
上海	105	62	0	107	0	38	15
江苏	165	68	3	28	13	56	100
浙江	245	318	26	692	31	131	105
安徽	46	31	0	231	0	14	23
福建	74	50	0	146	34	47	77
江西	31	139	0	107	15	20	22
山东	66	104	0	235	12	28	31
河南	39	35	0	5	0	28	5
湖北	25	12	0	1	6	12	15
湖南	85	24	3	73	10	34	79
广东	139	167	1	205	16	100	62
广西	3	4	1	3	4	3	8
海南	0	0	0	0	0	0	0
重庆	101	167	2	44	48	76	1182

续表

部分	科技成果推广（人年）	技术咨询工作（人年）	天文、地质、气象等观察（人年）	检疫测试计量等服务（人年）	科技信息文献服务（人年）	其他科技服务活动（人年）	科技培训工作（人年）
四川	222	106	4	43	18	56	95
贵州	36	49	0	165	3	10	20
云南	75	70	0	71	19	210	230
西藏	0	0	0	0	0	0	0
陕西	7	0	0	0	0	0	6
甘肃	12	44	0	23	4	24	33
青海	0	0	0	0	0	0	0
宁夏	2	12	0	0	0	9	3
新疆	41	62	3	12	3	16	29

表5-4-3　对外科技服务的地区分布

地区	科技成果推广（人年）	技术咨询工作（人年）	天文、地质、气象等观察（人年）	检疫测试计量等服务（人年）	科技信息文献服务（人年）	其他科技服务活动（人年）	科技培训工作（人年）
合计	3848	4086	353	5013	984	2300	3345
北京	791	788	87	836	327	383	366
天津	110	185	0	241	5	26	24
河北	8	0	0	2	0	0	0
山西	73	218	31	171	19	47	22
内蒙古	15	57	0	0	25	6	12
辽宁	155	105	0	106	77	72	55
吉林	45	77	11	104	21	12	20
黑龙江	58	13	0	0	0	11	36
上海	179	183	13	252	39	142	198
江苏	181	70	3	43	17	114	110
浙江	363	391	34	765	61	181	158

续表

地区	科技成果推广（人年）	技术咨询工作（人年）	天文、地质、气象等观察（人年）	检疫测试计量等服务（人年）	科技信息文献服务（人年）	其他科技服务活动（人年）	科技培训工作（人年）
安徽	63	46	0	257	8	16	28
福建	115	69	4	148	35	54	89
江西	31	139	0	107	15	20	22
山东	74	149	20	255	36	28	51
河南	99	167	0	20	9	33	55
湖北	71	81	29	32	17	39	40
湖南	146	46	7	82	19	54	124
广东	519	616	26	987	108	547	223
广西	3	4	1	3	4	3	8
海南	72	33	1	5	1	43	37
重庆	141	192	2	74	48	96	1202
四川	234	144	14	60	27	62	103
贵州	36	49	0	165	3	10	20
云南	92	95	3	82	28	220	237
西藏	0	0	0	0	0	0	0
陕西	52	27	25	133	7	9	13
甘肃	29	60	20	44	16	40	50
青海	24	7	19	15	8	6	9
宁夏	2	12	0	0	0	9	3
新疆	67	63	3	24	4	17	30

（五）与产业的联系

表5-5-1　促进本单位科技成果推广机构状况的部门分布

部门	机构总数（个）	有主管科技成果转化与扩散的专门部门的机构数（个）	成果转化与扩散的专职工作人员人数（人）	在本单位外设立技术转移（育成或孵化）中心数量（个）	在本单位外设立科技创业园或类似分支机构数（个）
合计	353	136	815	167	45
中央部门属					
合计	141	75	471	125	33
教育部	1	0	0	0	0
工业和信息化部	3	1	11	0	0
国土资源部	4	1	6	1	0
环境保护部	4	1	2	0	0
住房和城乡建设部	1	0	0	0	0
交通运输部	2	0	0	0	0
水利部	5	2	6	0	0
农业部	18	12	36	12	2
国家卫生和计划生育委员会	12	5	14	3	0
国家质量监督检验检疫总局	1	1	2	0	0
国家新闻出版广电总局	1	1	5	0	0
国家安全生产监督管理总局	1	0	0	0	0
国家林业局	2	0	0	0	0
中国科学院	73	47	372	105	27
中国地震局	1	0	0	0	0
国家粮食局	1	0	0	0	0

续表

部门	机构总数（个）	有主管科技成果转化与扩散的专门部门的机构数（个）	成果转化与扩散的专职工作人员人数（人）	在本单位外设立技术转移（育成或孵化）中心数量（个）	在本单位外设立科技创业园或类似分支机构数（个）
国家海洋局	3	1	4	0	0
中国铁路总公司	1	0	0	0	0
国家中医药管理局	2	0	0	0	0
中华全国供销合作总社	2	1	3	2	1
中国煤炭工业协会	1	0	0	0	0
中国轻工业联合会（中华全国手工业合作总社）	1	1	8	1	2
中国有色金属工业协会	1	1	2	1	1
地方部门属					
合计	212	61	344	42	12
北京	8	4	47	1	0
天津	9	1	4	0	2
河北	2	1	2	0	1
山西	8	0	0	0	0
内蒙古	3	0	0	0	0
辽宁	8	1	4	0	0
吉林	4	0	0	0	0
黑龙江	5	2	6	1	0
上海	13	1	3	0	0
江苏	9	3	37	1	0
浙江	25	9	30	18	4
安徽	5	1	2	0	0

续表

部门	机构总数（个）	有主管科技成果转化与扩散的专门部门的机构数（个）	成果转化与扩散的专职工作人员人数（人）	在本单位外设立技术转移（育成或孵化）中心数量（个）	在本单位外设立科技创业园或类似分支机构数（个）
福建	12	3	8	0	1
江西	3	1	3	0	0
山东	13	5	9	2	1
河南	7	3	8	0	0
湖北	8	0	0	0	0
湖南	9	6	10	6	1
广东	21	7	77	6	1
广西	8	0	0	0	0
海南	1	0	0	0	0
重庆	5	3	18	2	1
四川	10	6	30	4	0
贵州	2	1	3	0	0
云南	1	1	27	0	0
西藏	0	0	0	0	0
陕西	1	1	3	0	0
甘肃	2	1	5	1	0
青海	0	0	0	0	0
宁夏	2	0	0	0	0
新疆	8	0	8	0	0

表5-5-2　促进本单位科技成果推广机构状况的地区分布

地区	机构总数（个）	有主管科技成果转化与扩散的专门部门的机构数（个）	成果转化与扩散的专职工作人员人数（人）	在本单位外设立技术转移（育成或孵化）中心数量（个）	在本单位外设立科技创业园或类似分支机构数（个）
合计	353	136	815	167	45
北京	62	30	167	39	16
天津	12	2	8	0	2
河北	2	1	2	0	1
山西	9	0	0	0	0
内蒙古	3	0	0	0	0
辽宁	12	4	21	3	0
吉林	7	3	24	6	1
黑龙江	6	2	6	1	0
上海	24	5	45	20	3
江苏	12	5	46	2	0
浙江	34	14	52	20	6
安徽	7	1	32	5	1
福建	15	5	18	2	1
江西	3	1	3	0	0
山东	15	6	18	3	1
河南	9	4	14	1	0
湖北	14	2	3	2	1
湖南	11	7	11	6	1
广东	33	17	137	45	8
广西	8	0	0	0	0
海南	5	3	12	0	1
重庆	6	4	30	3	1
四川	14	8	36	4	0

续表

地区	机构总数（个）	有主管科技成果转化与扩散的专门部门的机构数（个）	成果转化与扩散的专职工作人员人数（人）	在本单位外设立技术转移（育成或孵化）中心数量（个）	在本单位外设立科技创业园或类似分支机构数（个）
贵州	2	1	3	0	0
云南	5	3	39	0	0
西藏	0	0	0	0	0
陕西	4	2	24	2	1
甘肃	6	4	27	2	0
青海	2	1	3	0	0
宁夏	2	0	0	0	0
新疆	9	1	34	1	0

表5-5-3　科技成果推广机构服务国民经济的行业分布

行业	机构总数（个）	有主管科技成果转化与扩散的专门部门的机构数（个）	成果转化与扩散的专职工作人员人数（人）	在本单位外设立技术转移（育成或孵化）中心数量（个）	在本单位外设立科技创业园或类似分支机构数（个）
合计	353	136	815	167	45
农、林、牧、渔业	88	40	199	27	4
采矿业	2	1	2	1	1
制造业	53	19	98	9	8
电力、热力、燃气及水生产和供应业	3	2	19	0	0
建筑业	6	0	0	0	0
交通运输、仓储和邮政业	6	0	0	0	0
信息传输、软件和信息技术服务业	9	2	12	21	3
房地产业	1	0	0	0	0

续表

行业	机构总数（个）	有主管科技成果转化与扩散的专门部门的机构数（个）	成果转化与扩散的专职工作人员人数（人）	在本单位外设立技术转移（育成或孵化）中心数量（个）	在本单位外设立科技创业园或类似分支机构数（个）
租赁和商业服务业	1	1	5	1	0
科学研究和技术服务业	127	60	455	91	27
水利、环境和公共设施管理业	41	9	19	15	1
教育	1	0	0	0	0
卫生和社会工作	13	1	4	1	1
公共管理、社会保障和社会组织	2	1	2	1	0

表5-5-4　科研—产业密切联系状况的部门分布

部门	机构总数（个）	在企业建立博士后工作站数量（个）	在本单位内与企业合作建立的研发部门数量（个）	在企业建立产业化中试基地数量（个）	以科技副职、科技特派员等形式在地方政府或企业任职人数（人）
合计	353	91	669	293	868
中央部门属					
合计	141	80	498	185	441
教育部	1	0	0	0	0
工业和信息化部	3	1	0	0	2
国土资源部	4	3	3	3	0
环境保护部	4	0	2	2	13
住房和城乡建设部	1	0	0	0	0
交通运输部	2	0	0	0	0
水利部	5	0	0	0	6
农业部	18	0	26	21	17
国家卫生和计划生育委员会	12	1	5	3	3
国家质量监督检验检疫总局	1	0	0	0	0

续表

部门	机构总数（个）	在企业建立博士后工作站数量（个）	在本单位内与企业合作建立的研发部门数量（个）	在企业建立产业化中试基地数量（个）	以科技副职、科技特派员等形式在地方政府或企业任职人数（人）
国家新闻出版广电总局	1	0	1	0	0
国家安全生产监督管理总局	1	0	1	0	1
国家林业局	2	0	0	0	0
中国科学院	73	75	449	153	365
中国地震局	1	0	0	0	0
国家粮食局	1	0	0	0	1
国家海洋局	3	0	1	1	0
中国铁路总公司	1	0	0	0	0
国家中医药管理局	2	0	0	0	0
中华全国供销合作总社	2	0	0	0	1
中国煤炭工业协会	1	0	1	0	10
中国轻工业联合会（中华全国手工业合作总社）	1	0	5	2	7
中国有色金属工业协会	1	0	4	0	15
地方部门属					
合计	212	11	171	108	427
北京	8	0	4	12	7
天津	9	0	12	4	15
河北	2	0	3	2	0
山西	8	0	0	0	0
内蒙古	3	0	0	0	0
辽宁	8	0	1	0	0
吉林	4	0	0	0	4
黑龙江	5	0	1	0	23
上海	13	0	3	4	3
江苏	9	2	19	6	38

续表

部门	机构总数（个）	在企业建立博士后工作站数量（个）	在本单位内与企业合作建立的研发部门数量（个）	在企业建立产业化中试基地数量（个）	以科技副职、科技特派员等形式在地方政府或企业任职人数（人）
浙江	25	2	19	1	142
安徽	5	0	1	17	4
福建	12	0	24	21	2
江西	3	0	3	0	30
山东	13	0	14	1	3
河南	7	0	1	1	3
湖北	8	0	10	2	7
湖南	9	0	19	5	41
广东	21	4	23	16	59
广西	8	0	0	1	0
海南	1	0	0	0	0
重庆	5	2	8	6	23
四川	10	1	5	7	10
贵州	2	0	0	0	2
云南	1	0	0	0	9
西藏	0	0	0	0	0
陕西	1	0	0	0	0
甘肃	2	0	0	0	0
青海	0	0	0	0	0
宁夏	2	0	0	2	0
新疆	8	0	1	0	2

表5-5-5　科研—产业密切联系状况的地区分布

地区	机构总数（个）	在企业建立博士后工作站数量（个）	在本单位内与企业合作建立的研发部门数量（个）	在企业建立产业化中试基地数量（个）	以科技副职、科技特派员等形式在地方政府或企业任职人数（人）
合计	353	91	669	293	868
北京	62	53	126	32	67
天津	12	0	15	6	15
河北	2	0	3	2	0
山西	9	0	0	0	0
内蒙古	3	0	0	0	0
辽宁	12	0	27	10	49
吉林	7	0	7	3	10
黑龙江	6	0	1	0	23
上海	24	2	55	11	17
江苏	12	2	43	6	40
浙江	34	2	110	93	203
安徽	7	1	27	20	10
福建	15	0	79	30	3
江西	3	0	3	0	30
山东	15	2	19	7	13
河南	9	0	2	4	3
湖北	14	0	11	2	23
湖南	11	0	21	5	42
广东	33	25	63	40	221
广西	8	0	0	1	0
海南	5	0	2	0	5
重庆	6	2	17	6	46
四川	14	1	7	7	20
贵州	2	0	0	0	2
云南	5	0	1	1	10

续表

地区	机构总数（个）	在企业建立博士后工作站数量（个）	在本单位内与企业合作建立的研发部门数量（个）	在企业建立产业化中试基地数量（个）	以科技副职、科技特派员等形式在地方政府或企业任职人数（人）
西藏	0	0	0	0	0
陕西	4	1	11	0	0
甘肃	6	0	12	2	10
青海	2	0	5	2	4
宁夏	2	0	0	2	0
新疆	9	0	2	1	2

表5-5-6　科研—产业密切联系状况服务国民经济的行业分布

行业	机构总数（个）	在企业建立博士后工作站数量（个）	在本单位内与企业合作建立的研发部门数量（个）	在企业建立产业化中试基地数量（个）	以科技副职、科技特派员等形式在地方政府或企业任职人数（人）
合计	338	91	669	293	868
农、林、牧、渔业	88	4	93	74	347
采矿业	2	0	4	0	16
制造业	53	6	70	21	48
电力、热力、燃气及水生产和供应业	3	0	0	0	6
信息传输、软件和信息技术服务业	9	0	6	0	5
科学研究和技术服务业	127	78	463	190	415
水利、环境和公共设施管理业	41	3	21	3	25
卫生和社会工作	13	0	8	5	4
公共管理、社会保障和社会组织	2	0	4	0	2

表5-5-7 投资创办企业服务国民经济的行业分布

行业	机构总数（个）	截至2014年底本单位直接投资控股的企业数（个）	2012—2014年依托本单位科技成果成立的企业数（个）	2014年成立的企业数（个）	本年以本单位知识产权作价投资，注册的企业数（个）	本年以本单位知识产权作价投资合计折价金额（千元）
合计	350	433	239	95	92	82891
农、林、牧、渔业	88	65	21	4	5	11520
采矿业	2	12	0	0	0	0
制造业	53	48	27	10	7	5450
电力、热力、燃气及水生产和供应业	3	12	0	0	0	0
建筑业	6	11	1	0	0	0
交通运输、仓储和邮政业	6	16	0	0	0	0
信息传输、软件和信息技术服务业	9	24	10	2	1	0
科学研究和技术服务业	127	225	159	75	78	56191
水利、环境和公共设施管理业	41	16	17	3	0	5200
卫生和社会工作	13	2	2	1	1	600
公共管理、社会保障和社会组织	2	2	2	0	0	3930

表5-5-8　投资创办企业状况的部门分布

部门	机构总数（个）	截至2014年底本单位直接投资控股的企业数（个）	2012—2014年依托本单位科技成果成立的企业数（个）	2014年成立的企业数（个）	本年以本单位知识产权作价投资，注册的企业数（个）	本年以本单位知识产权作价投资合计折价金额（千元）
合计	353	433	239	95	92	82891
中央部门属						
合计		283	187	80	84	76093
国土资源部	4	1	2	0	1	0
交通运输部	2	15	0	0	0	0
水利部	5	12	2	1	0	0
农业部	18	12	5	0	0	0
国家卫生和计划生育委员会	12	12	0	0	0	0
国家新闻出版广电总局	1	4	4	0	0	0
国家安全生产监督管理总局	1	2	0	0	0	0
中国科学院	73	205	173	78	83	76093
国家海洋局	3	6	0	0	0	0
中华全国供销合作总社	2	2	0	0	0	0
中国轻工业联合会（中华全国手工业合作总社）	1	2	1	1	0	0
中国有色金属工业协会	1	10	0	0	0	0
地方部门属						
合计		150	52	15	8	6798
北京	8	9	3	1	0	0
天津	9	1	0	0	0	0
河北	2	0	0	0	0	0
山西	8	13	1	0	0	0
内蒙古	3	0	0	0	0	0

续表

部门	机构总数（个）	截至2014年底本单位直接投资控股的企业数（个）	2012—2014年依托本单位科技成果成立的企业数（个）	2014年成立的企业数（个）	本年以本单位知识产权作价投资，注册的企业数（个）	本年以本单位知识产权作价投资合计折价金额（千元）
辽宁	8	0	0	0	0	0
吉林	4	0	1	0	0	0
黑龙江	5	0	0	0	0	0
上海	13	8	1	0	1	80
江苏	9	30	13	4	1	0
浙江	25	30	18	6	3	3940
安徽	5	2	1	0	0	0
福建	12	6	4	1	1	600
江西	3	5	0	0	0	0
山东	13	9	0	0	0	0
河南	7	1	1	0	0	0
湖北	8	0	0	0	0	0
湖南	9	6	1	0	0	0
广东	21	17	0	0	0	0
广西	8	0	0	0	0	0
海南	1	0	0	0	0	0
重庆	5	8	5	2	2	2178
四川	10	3	0	0	0	0
贵州	2	2	2	1	0	0
云南	1	0	0	0	0	0
西藏	0	0	0	0	0	0
陕西	1	0	1	0	0	0
甘肃	2	0	0	0	0	0
青海	0	0	0	0	0	0
宁夏	2	0	0	0	0	0
新疆	8	0	0	0	0	0

表5-5-9　投资创办企业的地区分布

地区	机构总数（个）	截至2014年底本单位直接投资控股的企业数（个）	2012—2014年依托本单位科技成果成立的企业数（个）	2014年成立的企业数（个）	本年以本单位知识产权作价投资，注册的企业数（个）	本年以本单位知识产权作价投资合计折价金额（千元）
合计	353	433	239	95	92	82891
北京	62	103	47	18	22	13178
天津	12	7	0	0	0	0
河北	2	0	0	0	0	0
山西	9	15	2	1	1	0
内蒙古	3	0	0	0	0	0
辽宁	12	17	4	1	2	10500
吉林	7	6	12	6	6	7780
黑龙江	6	0	0	0	0	0
上海	24	43	9	2	3	80
江苏	12	35	27	10	5	6075
浙江	34	41	26	9	3	3940
安徽	7	10	7	2	30	0
福建	15	17	12	1	3	4530
江西	3	5	0	0	0	0
山东	15	11	9	5	2	7000
河南	9	2	3	0	1	0
湖北	14	1	1	1	0	0
湖南	11	6	1	0	1	7500
广东	33	59	21	9	4	14830
广西	8	0	0	0	0	0
海南	5	4	3	0	0	0
重庆	6	13	14	7	3	2178
四川	14	5	0	0	0	0

续表

地区	机构总数（个）	截至2014年底本单位直接投资控股的企业数（个）	2012—2014年依托本单位科技成果成立的企业数（个）	2014年成立的企业数（个）	本年以本单位知识产权作价投资，注册的企业数（个）	本年以本单位知识产权作价投资合计折价金额（千元）
贵州	2	2	2	1	0	0
云南	5	3	0	0	0	0
西藏	0	0	0	0	0	0
陕西	4	13	36	21	2	4300
甘肃	6	7	2	0	3	0
青海	2	3	1	1	1	1000
宁夏	2	0	0	0	0	0
新疆	9	5	0	0	0	0

表5-5-10　科技成果转化过程中筹资情况的部门分布

	机构总数（个）	科技成果产业化过程中，有风险投资基金参与的机构数（个）	科技成果产业化过程中，有天使投资基金参与的机构数（个）	科技成果产业化过程中，有私募股权投资基金参与的机构数（个）
合计	353	16	9	3
中央部门属				
合计	141	11	6	3
教育部	1	0	0	0
工业和信息化部	3	0	0	0
国土资源部	4	0	0	1
环境保护部	4	0	0	0
住房和城乡建设部	1	0	0	0
交通运输部	2	0	0	0
水利部	5	0	0	0
农业部	18	0	0	0

续表

	机构总数（个）	科技成果产业化过程中，有风险投资基金参与的机构数（个）	科技成果产业化过程中，有天使投资基金参与的机构数（个）	科技成果产业化过程中，有私募股权投资基金参与的机构数（个）
国家卫生和计划生育委员会	12	0	0	0
国家质量监督检验检疫总局	1	0	0	0
国家新闻出版广电总局	1	0	0	0
国家安全生产监督管理总局	1	0	0	0
国家林业局	2	0	0	0
中国科学院	73	11	6	2
中国地震局	1	0	0	0
国家粮食局	1	0	0	0
国家海洋局	3	0	0	0
中国铁路总公司	1	0	0	0
国家中医药管理局	2	0	0	0
中华全国供销合作总社	2	0	0	0
中国煤炭工业协会	1	0	0	0
中国轻工业联合会（中华全国手工业合作总社）	1	0	0	0
中国有色金属工业协会	1	0	0	0
地方部门属				
合计	212	5	3	0
北京	8	0	1	0
天津	9	0	0	0
河北	2	0	0	0
山西	8	0	0	0
内蒙古	3	0	0	0
辽宁	8	0	0	0
吉林	4	0	0	0

续表

	机构总数（个）	科技成果产业化过程中，有风险投资基金参与的机构数（个）	科技成果产业化过程中，有天使投资基金参与的机构数（个）	科技成果产业化过程中，有私募股权投资基金参与的机构数（个）
黑龙江	5	0	0	0
上海	13	0	0	0
江苏	9	1	0	0
浙江	25	1	1	0
安徽	5	0	0	0
福建	12	0	0	0
江西	3	0	0	0
山东	13	0	0	0
河南	7	0	0	0
湖北	8	0	0	0
湖南	9	0	0	0
广东	21	0	0	0
广西	8	0	0	0
海南	1	0	0	0
重庆	5	1	0	0
四川	10	1	0	0
贵州	2	1	1	0
云南	1	0	0	0
西藏	0	0	0	0
陕西	1	0	0	0
甘肃	2	0	0	0
青海	0	0	0	0
宁夏	2	0	0	0
新疆	8	0	0	0

表5-5-11　科技成果转化过程中筹资情况的地区分布

地区	机构总数（个）	科技成果产业化过程中，有风险投资基金参与的机构数（个）	科技成果产业化过程中，有天使投资基金参与的机构数（个）	科技成果产业化过程中，有私募股权投资基金参与的机构数（个）
合计	353	16	9	3
北京	62	5	2	0
天津	12	0	0	0
河北	2	0	0	0
山西	9	0	0	0
内蒙古	3	0	0	0
辽宁	12	0	0	0
吉林	7	1	0	0
黑龙江	6	0	0	0
上海	24	0	0	0
江苏	12	3	1	0
浙江	34	1	2	0
安徽	7	0	0	0
福建	15	0	0	0
江西	3	0	0	0
山东	15	0	0	0
河南	9	0	0	1
湖北	14	0	0	0
湖南	11	0	0	0
广东	33	1	1	1
广西	8	0	0	0
海南	5	0	0	0
重庆	6	2	1	1
四川	14	1	0	0
贵州	2	1	1	0

续表

地区	机构总数（个）	科技成果产业化过程中，有风险投资基金参与的机构数（个）	科技成果产业化过程中，有天使投资基金参与的机构数（个）	科技成果产业化过程中，有私募股权投资基金参与的机构数（个）
云南	5	0	0	0
西藏	0	0	0	0
陕西	4	0	0	0
甘肃	6	1	1	0
青海	2	0	0	0
宁夏	2	0	0	0
新疆	9	0	0	0

表5-5-12　科技成果转化过程中筹资与服务国民经济的行业分布

行业	机构总数（个）	科技成果产业化过程中，有风险投资基金参与的机构数（个）	科技成果产业化过程中，有天使投资基金参与的机构数（个）	科技成果产业化过程中，有私募股权投资基金参与的机构数（个）
合计	230	16	9	3
制造业	53	3	0	0
信息传输、软件和信息技术服务业	9	2	0	0
科学研究和技术服务业	127	10	8	3
水利、环境和公共设施管理业	41	1	1	0

表5-5-13　参与技术创新战略联盟的部门分布

部门	机构总数（个）	参与国家技术创新战略联盟数量（个）	参与省级技术创新战略联盟数量（个）	参与其他类型技术创新或产学研合作联盟数量（个）
合计	353	132	209	230
中央部门属				
合计	141	74	103	140
教育部	1	0	0	0

续表

部门	机构总数（个）	参与国家技术创新战略联盟数量（个）	参与省级技术创新战略联盟数量（个）	参与其他类型技术创新或产学研合作联盟数量（个）
工业和信息化部	3	0	0	0
国土资源部	4	2	0	1
环境保护部	4	0	0	0
住房和城乡建设部	1	0	0	0
交通运输部	2	0	0	0
水利部	5	0	1	0
农业部	18	9	16	3
国家卫生和计划生育委员会	12	9	10	1
国家质量监督检验检疫总局	1	0	1	1
国家新闻出版广电总局	1	0	0	0
国家安全生产监督管理总局	1	0	0	1
国家林业局	2	2	0	0
中国科学院	73	47	64	129
中国地震局	1	0	0	0
国家粮食局	1	1	0	0
国家海洋局	3	0	0	1
中国铁路总公司	1	0	0	0
国家中医药管理局	2	0	0	0
中华全国供销合作总社	2	0	0	0
中国煤炭工业协会	1	0	0	1
中国轻工业联合会（中华全国手工业合作总社）	1	0	1	1
中国有色金属工业协会	1	4	10	1
地方部门属				
合计	212	58	106	90
北京	8	6	8	2

续表

部门	机构总数（个）	参与国家技术创新战略联盟数量（个）	参与省级技术创新战略联盟数量（个）	参与其他类型技术创新或产学研合作联盟数量（个）
天津	9	0	2	0
河北	2	0	1	2
山西	8	0	1	0
内蒙古	3	0	0	0
辽宁	8	0	0	0
吉林	4	0	1	0
黑龙江	5	0	0	1
上海	13	2	2	8
江苏	9	6	7	13
浙江	25	20	34	21
安徽	5	1	4	7
福建	12	3	8	1
江西	3	0	0	0
山东	13	4	13	3
河南	7	2	1	0
湖北	8	0	1	1
湖南	9	2	1	1
广东	21	5	4	11
广西	8	1	3	0
海南	1	0	0	0
重庆	5	3	4	12
四川	10	1	5	7
贵州	2	0	1	0
云南	1	1	3	0
西藏	0	0	0	0
陕西	1	0	1	0

续表

部门	机构总数（个）	参与国家技术创新战略联盟数量（个）	参与省级技术创新战略联盟数量（个）	参与其他类型技术创新或产学研合作联盟数量（个）
甘肃	2	1	0	0
青海	0	0	0	0
宁夏	2	0	0	0
新疆	8	0	1	0

表5-5-14　参与技术创新战略联盟的地区分布

地区	机构总数（个）	参与国家技术创新战略联盟数量（个）	参与省级技术创新战略联盟数量（个）	参与其他类型技术创新或产学研合作联盟数量（个）
合计	353	132	209	230
北京	62	32	33	31
天津	12	0	2	2
河北	2	0	1	2
山西	9	4	1	0
内蒙古	3	0	0	0
辽宁	12	5	2	8
吉林	7	0	6	1
黑龙江	6	0	0	1
上海	24	11	16	20
江苏	12	9	9	23
浙江	34	24	38	23
安徽	7	3	10	10
福建	15	3	8	1
江西	3	0	0	0
山东	15	6	17	13
河南	9	4	1	1

续表

地区	机构总数（个）	参与国家技术创新战略联盟数量（个）	参与省级技术创新战略联盟数量（个）	参与其他类型技术创新或产学研合作联盟数量（个）
湖北	14	1	5	17
湖南	11	3	1	3
广东	33	15	25	29
广西	8	1	3	0
海南	5	0	1	2
重庆	6	4	4	12
四川	14	1	8	20
贵州	2	0	1	0
云南	5	2	5	2
西藏	0	0	0	0
陕西	4	0	4	2
甘肃	6	3	1	5
青海	2	1	1	1
宁夏	2	0	0	0
新疆	9	0	6	1

表5-5-15　参与技术创新战略联盟服务国民经济的行业分布

行业	机构总数（个）	参与国家技术创新战略联盟数量（个）	参与省级技术创新战略联盟数量（个）	参与其他类型技术创新或产学研合作联盟数量（个）
合计	335	132	209	230
农、林、牧、渔业	88	23	44	44
采矿业	2	4	10	1
制造业	53	22	36	17
信息传输、软件和信息技术服务业	9	2	2	2

续表

行业	机构总数（个）	参与国家技术创新战略联盟数量（个）	参与省级技术创新战略联盟数量（个）	参与其他类型技术创新或产学研合作联盟数量（个）
科学研究和技术服务业	127	54	77	147
水利、环境和公共设施管理业	41	27	39	18
卫生和社会工作	13	0	1	0
公共管理、社会保障和社会组织	2	0	0	1

（六）人才培养与流动

表5-6-1　人才培养与流动状况的部门分布

部门	新增人员（人）	应届高校毕业生（人）	流出人员（人）	培养毕业研究生（人）
合计	7997	4367	4038	8243
中央部门属				
合计	5576	3196	3142	7807
教育部	3	1	0	0
工业和信息化部	187	119	58	4
国土资源部	32	20	6	139
环境保护部	77	45	35	0
住房和城乡建设部	0	0	0	0
交通运输部	35	29	8	0
水利部	100	45	22	56
农业部	214	121	56	312
国家卫生和计划生育委员会	425	252	125	353
国家质量监督检验检疫总局	22	17	4	2
国家新闻出版广电总局	4	3	5	0
国家安全生产监督管理总局	36	7	14	0

续表

部门	新增人员（人）	应届高校毕业生（人）	流出人员（人）	培养毕业研究生（人）
国家林业局	7	6	1	41
中国科学院	4263	2424	2777	6744
中国地震局	9	7	1	27
国家粮食局	21	18	1	29
国家海洋局	49	36	5	35
国家中医药管理局	19	9	4	31
中华全国供销合作总社	4	1	1	11
中国煤炭工业协会	22	10	5	0
中国轻工业联合会（中华全国手工业合作总社）	13	11	4	1
中国有色金属工业协会	34	15	10	22
地方部门属				
合计	2421	1171	896	436
北京	376	107	180	64
天津	26	15	11	1
河北	12	12	0	5
山西	134	115	18	0
内蒙古	15	3	4	8
辽宁	10	6	8	2
吉林	43	5	7	3
黑龙江	10	6	9	2
上海	70	28	40	32
江苏	261	71	130	114
浙江	351	128	134	106
安徽	35	26	4	11
福建	39	15	20	17
江西	114	72	1	0

续表

部门	新增人员（人）	应届高校毕业生（人）	流出人员（人）	培养毕业研究生（人）
山东	48	39	8	23
河南	14	5	0	2
湖北	21	16	10	0
湖南	45	18	9	0
广东	338	169	151	16
广西	106	69	34	2
海南	5	5	0	0
重庆	102	50	80	0
四川	60	36	3	27
贵州	89	78	5	0
云南	64	55	23	0
西藏	0	0	0	0
陕西	2	0	0	0
甘肃	10	6	5	0
青海	0	0	0	0
宁夏	4	1	0	1
新疆	17	15	2	0

表5-6-2　人才培养与流动状况的地区分布

地区	新增人员（人）	应届高校毕业生（人）	流出人员（人）	培养毕业研究生（人）
合计	7997	4367	4038	8243
北京	2348	1252	1071	3584
天津	60	40	17	18
河北	12	12	0	5
山西	154	131	23	73

续表

地区	新增人员（人）	应届高校毕业生（人）	流出人员（人）	培养毕业研究生（人）
内蒙古	15	3	4	8
辽宁	423	191	247	443
吉林	279	238	424	417
黑龙江	32	18	17	2
上海	867	432	740	950
江苏	378	126	218	190
浙江	533	224	219	242
安徽	135	122	58	248
福建	218	93	36	70
江西	114	72	1	0
山东	160	101	43	166
河南	25	11	3	4
湖北	155	114	87	404
湖南	103	56	62	32
广东	879	378	341	380
广西	106	69	34	2
海南	36	23	4	69
重庆	187	89	95	0
四川	136	94	46	242
贵州	89	78	5	0
云南	163	120	62	183
西藏	0	0	0	0
陕西	140	91	20	130
甘肃	184	153	70	253
青海	15	10	8	70
宁夏	4	1	0	1
新疆	47	25	83	57

表5-6-3　人才培养与流动状况的行业分布

行业	应届高校毕业生（人）	流出人员（人）	培养毕业研究生（人）
合计	4367	4038	8243
农、林、牧、渔业	400	228	497
采矿业	16	11	22
制造业	352	329	674
电力、热力、燃气及水生产和供应业	26	8	51
建筑业	125	27	0
交通运输、仓储和邮政业	37	23	0
信息传输、软件和信息技术服务业	99	193	224
租赁和商业服务业	0	3	0
科学研究和技术服务业	2838	2943	6353
水利、环境和公共设施管理业	214	171	195
教育	1	0	0
卫生和社会工作	229	72	174
公共管理、社会保障和社会组织	30	30	53

附录：指标解释

1. 从事科技活动人员总数

指从业人员中的科技管理人员、课题活动人员和科技服务人员的总数。数据来源于《政府研究机构统计调查报告》。

2. 博硕士毕业人员占比

指从事科技活动人员中，博士毕业和硕士毕业人员之和在从事科技活动人员总数中的占比。按从事科技活动人员获得的最高学位和学历填写。数据来源于《政府研究机构统计调查报告》。

3. 高中级职称人员占比

指从事科技活动人员中，具有高级专业技术职称和中级专业技术职称人员之和在从事科技活动人员总数中的占比。数据来源于《政府研究机构统计调查报告》。

4. 女性科技人员占比

指从事科技活动人员中女性的占比。数据来源于《政府研究机构统计调查报告》。

5. 科技活动收入

指本单位为开展科技活动所获得的收入，不论其来源渠道如何。数据来源于《政府研究机构统计调查报告》。

6. 政府资金收入来源占比

指由各级政府部门直接拨款或企事业单位利用政府资金委托本机构从事科学技术活动的收入之和，在本单位科技活动收入中的占比。数据来源于《政府研究机构统计调查报告》。

7. 企业资金收入来源占比

指本单位科技活动收入中来源为企业资金的占比。数据来源于《政府研究机构统计调查报告》。

8. 仪器和设备支出

指当年本机构为开展R&D活动在经常费中支出的仪器设备购置费。数据来源于《政府研究机构统计调查报告》。

9. R&D经费内部支出

指当年为进行R&D活动而实际用于本机构内的全部支出，按“全成本核算”口径进行计算。包括劳务费、其他日常支出、仪器设备购置费、土地使用和建造费等。不包括与外单位合作研究而拨给对方使用的经费。数据来源于《政府研究机构统计调查报告》。

10. R&D人员

指本单位人员及外聘研究人员和在读研究生中参加R&D课题人员、R&D课题管理人员和为R&D活动提供直接服务的人员，不包括为R&D课题提供间接服务的人员（如生活服务人员），也不包括全年从事R&D活动工作量不到0.1年的人员。数据来源于《政府研究机构统计调查报告》。

11. R&D全时人员占比

指R&D全时人员在R&D人员中的占比。R&D全时人员是指本年度从事R&D活动的工作量在0.9年以上（含0.9年）的人员。数据来源于《政府研究机构统计调查报告》。

12. R&D人员全时当量

即R&D人员折合全时工作量。指全时人员折合全时工作量与所有非全时人员工作量之和。数据来源于《政府研究机构统计调查报告》。

13. 基础研究在R&D经费内部支出中占比

基础研究是R&D活动中的主要类型之一，指为获得新知识而进行的创造性研究。其目的是解释观察到的现象和事实的基本原理和规律，而不以任何特定的实际应用为目的。数据来源于《政府研究机构统计调查报告》。

14. 应用研究在R&D经费内部支出中占比

应用研究是R&D活动中的主要类型之一，指主要针对某一特定的实际应用目的而进行的创造性研究。区分基础研究和应用研究的主要标志是看是否具有特定的实际应用目的。数据来源于《政府研究机构统计调查报告》。

15. 试验发展在R&D经费内部支出中占比

试验发展是R&D活动中的主要类型之一，指利用从研究或实际经验获得的知识，为产生新的材料、产品和装置，建立新的工艺和系统，以及对已产生或建立的上述各项进行实质性的改进，而进行的系统性工作。数据来源于《政府研究机构统计调查报告》。

16. R&D经费外部支出

指报告年度调查单位委托外单位或与外单位合作进行R&D活动而拨给对方的经费。数据来源于《政府研究机构统计调查报告》。

17. 发表科技论文数

指报告年度在学术期刊上发表的最初的科学研究成果。只统计本单位科技人员为第一作者的论文。数据来源于《政府研究机构统计调查报告》。

18. 国外发表论文占比

指报告年度本单位科技人员向国外学术期刊上发表的论文占比。数据来源于《政府研究机构统计调查报告》。

19. 专利申请数

指报告年度向国内外知识产权行政部门提出专利申请并被受理的件数。数据来源于《政府研究机构统计调查报告》。

20. 发明专利申请占比

指报告年度向国内外知识产权行政部门提出发明专利申请并被受理的件数在专利申请数中的占比。数据来源于《政府研究机构统计调查报告》。

21. 有效发明专利

即拥有有效发明专利总数，指报告年度调查单位作为专利权人在报告年度拥有的、经国内外知识产权行政部门授权且在有效期内的发明专利件数。数据来源于《政府研究机构统计调查报告》。

22. 形成国家或行业标准数

指报告年度调查单位在自主研发或自主知识产权基础上形成的国家或行业标准数。数据来源于《政府研究机构统计调查报告》。

23. 从业人员总数

指由本机构年末直接组织安排工作并支付工资的各类人员总数。包括固定职工、国家有编制的合同制职工、招聘人员和返聘的离退休人员。不包括离退休人员、停薪留职人员。数据来源于《政府研究机构统计调查报告》。

24. 专利所有权转让与许可数

指报告年度调查单位向外单位转让专利所有权或允许专利技术由被许可单位使用的件数，一项专利多次许可，算一件。数据来源于《政府研究机构统计调查报告》。

25. 专利所有权转让与许可收入

指报告年度调查单位向外单位转让专利所有权或允许专利技术由被许可单位使用而得到的收入。数据来源于《政府研究机构统计调查报告》。

26. 科研机构作为卖方的成交合同数

指在全国技术市场成交合同中卖方登记为事业法人中的科研机构的件数。数据来源于《中国科技统计年鉴2015》。

27. 科研机构作为卖方的成交合同金额

指在全国技术市场成交合同中卖方登记为事业法人中的科研机构的金额数。数据来源于《中国科技统计年鉴2015》。

28. 科研机构作为买方的成交合同数

指在全国技术市场成交合同中买方登记为事业法人中的科研机构的件数。数据来源于《中国科技统计年鉴2015》。

29. 科研机构作为买方的成交合同金额

指在全国技术市场成交合同中买方登记为事业法人中的科研机构的金额数。数据来源于《中国科技统计年鉴2015》。

30. R&D经费内部支出中的国外资金

指报告年度调查单位R&D经费内部支出中来源于中国境外的资金，包括境外的企业、大学、国际组织、民间组织、金融机构及外国政府提供给调查单位开展科技活动的经费。数据来源于《政府研究机构统计调查报告》。

31. 对境内研究机构的R&D经费外部支出

指报告年度调查单位委托境内研究机构或与境内研究机构合作进行R&D活动而拨给对方的经费。数据来源于《政府研究机构统计调查报告》。

32. 对国内高等院校的R&D经费外部支出

指报告年度调查单位委托国内高等院校或与国内高等院校合作进行R&D活动而拨给对方的经费。数据来源于《政府研究机构统计调查报告》。

33. 对国内企业的R&D经费外部支出

指报告年度调查单位委托国内企业或与国内企业合作进行R&D活动而拨给对方的经费。数据来源于《政府研究机构统计调查报告》。

34. 对境外机构的R&D经费外部支出

指报告年度调查单位委托境外机构或与境外机构合作进行R&D活动而拨给对方的经费。数据来源于《政府研究机构统计调查报告》。